魔幻人生
事務所

多元天賦
生命學苑

阿凡達、蔡佩樺、李筠霏、吳容宜、許綵樺 ◎ 著

【序】

分享、交流，成就天地間所有的財富與才華

有部讓人印象深刻的印度電影《窮得只剩下錢》，從片名就點出一般人對於「財富」的常見迷思：有錢就是富有嗎？有錢的人生就能夠圓滿嗎？

聰明的讀者一定馬上就發現，圓滿豐盛的人生其實包含了健康、人際關係、事業、財富、奉獻……諸多面向，將這些面向都圓滿了，才是真正的豐盛富足。

在我發揮天賦、奉獻「講財」的課程中，從最基礎的「收入配置、資產配置」開始，一路陪伴學員認識「財富」的諸多面向。大部分的人之所以渴望「財富自由」，是為了「沒有後顧之憂地去從事自己真心想做的事」，金錢只是工具、是過程，而非終點。

　　一個進步的社會，相信大家都能贊同：理想的人生藍圖，正如詩仙李白所說——「天生我材必有用」——人人都能好好善用自身獨特的天賦才華，以「共好」為前提共創最令身心滿足的豐美生活。可見要達成這個目標、要享受圓滿豐盛的生活，不僅要「理財」，而且更要「理才」！

　　當我遇見「魔術師阿凡達」，不禁讚嘆他年紀輕輕就堅定志向、勤於自我磨練，看他一路走來的篤定踏實，不但符合「一萬個小時的練習」，而且是有目標、有方法的「刻意練習」，從志趣到專業更到卓越。專心致志、把戲法魔術的古老技藝帶上國際舞台，魔術師阿凡達不藏私地分享他的練功心法，分享如何踏實邁向成功！

　　生命是一場冒險，如果還不清楚自己的天賦，大可以盡量多嘗試。俗話說「路是人走出來的」，經絡芳療師佩樺老師，同時也是正念(Mindfullness)練習者、實踐者、推廣者。為了走向天賦，歷經各種辛苦嘗試，實踐種子法

則翻轉環境，她讓我們看見原來天賦和環境都是可以「種」出來的。

「子宮療癒瑜珈」綵樺老師，大方袒露心路歷程，她的天賦道路也是療癒之路。為了療癒身體而學習、練習瑜珈，因為女兒鼓勵開始分享瑜珈；充滿創意與同理心的她，如何透過同理心與創意、在看似飽和的瑜珈教學環境裡，成就獨樹一格的教學與品牌辨識度。

「動物溝通師」則是近年來才比較為人所知的行業，相當知性的 Iris 是我認識的第一位執業動物溝通師。家中有寵物的讀者、熱愛小動物的讀者，一定會對這個專業感到好奇！迫不及待想了解 Iris 如何發展出這個奇幻故事般的天賦，又如何一步一腳印的經過不斷練習、建立口碑，全心全意投入服務，為許多愛動物的客戶搭起深層溝通的橋樑。

「靈氣雅集」靈性文藝沙龍發起人筠霏老師，是文藝工作者、靈氣教師、海寧格現象科學新取向家排師(動力排列)，也是薩滿藥輪哲學藝術的練習者、實踐者、推廣者，從她分享的成長經歷，我們可以看見相當典型「多元天賦」與「協槓人生」的形成。天賦道路上，如果沒有強大的支持，或許我們可以善用環境中任何滋養的元素，一枝草一點露、一次一小步地即使緩慢，或許也能深根厚植，耕耘出獨特風景。

致此時此刻翻開此書的讀者：
有幸相遇，就讓生命相互滋養吧！
因為流動、因為交流，成就了天地間所有的財富與才華。
天賦之路，彼此分享、彼此貢獻，相互啟發，從此產生意義。

財務藥師 **林有輝**

目錄

PART-2 經絡芳療與正念引導師 佩樺

PART-3 靈氣雅集·靈性藝文召集人 李筠霏

PART- 1

魔術師 阿凡達

邀請您與作者群建立更密切的關係

1-1 ✷

十六歲少年夢

我是魔術師阿凡達，十六歲就立志成為一個職業魔術師。努力許久之後，這個夢想終於在 2017 年四月夢想啟動。

十六歲的時候，被一個硬幣魔術給震撼之後，就立志要做一個職業魔術師。雖然在求學時期得過許多魔術比賽獎項，甚至還有上過新聞採訪，但是我知道，現在才是真正的開始。

過去十年來，曾有無數的人勸我不要再做夢了，當魔術師你會餓死的，想想你未來要怎麼結婚生小孩。

　　的確在台灣，想靠演藝相關的技能存活，真的沒那麼容易。不過我相信，如果有機會可以為更多人服務，這就不是個問題。在台灣，每天有數不盡的活動正在發生，各種餐會，各式展場，各公司春酒尾牙，社區表演，結婚典禮......。魔術，總是最吸睛的表演之一，一定可以為活動錦上添花，讓嘉賓留下難忘的回憶。

　　由於我的職業生涯才剛剛開始，還有很多人不知道我的存在，如果大家可以幫我分享出去，就可以讓更多人看到，我就有機會服務更多人。

　　感謝每位為我加油、支持我引薦我的朋友與貴人。

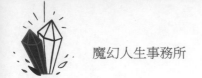

1-2

培養基本能力

十年磨一劍。

十年，滴水能穿石。

現在看十年前的自己是什麼感覺呢？

十年前的你會滿意現在的自己嗎？

整理影片時看到了自己高中時期的表演。青澀，不懂拿捏說話分寸、不斷冒犯觀眾而不自知。得到禮貌性的掌聲還自以為厲害......。看得螢幕前的我尷尬炸裂，超想一頭撞死。

　　不過也因為這個契機，我好好的思考了這十年來的每一場表演，發現不知不覺中，其實歷經了很多次的風格轉換。表演上的進步，絕非一蹴可幾。或許這一場和那一場之間，沒什麼明顯的感覺......。但是當時間拉長到十年，驀然回首，自己的成長就能看得非常清楚了。

　　2009 年的我，有個做職業魔術師的夢。2019 的我，終於算是對得起那個剛玩魔術的小屁孩了。表演需要的基本能力：

1.控場能力：創造演出氛圍、感染觀眾、引導觀眾的能力

2.能量控制：視演出情況靈活調整能量高低

3.即興演出能力：演出過程中，處理任何突發狀況的能力

　　最早出來正式接表演時，就是以餐廳的桌邊魔術為主。那段時間的磨練，讓阿凡達在

1.表演上的親和力

2.應對觀眾的即興能力

3.快速與觀眾拉近距離

4.超大量的實戰演出經驗

等等各方面都大幅成長。

　　熟習魔術師的語言對話中永遠踩在虛實之間

你一虛　我即實，

你一實　我反虛。

　　真正的魔術不在華美精緻的道具，而在引導觀眾內心穿梭於虛實之間的能力。有了這個功力，只用一包衛生紙也讓觀眾嗨到快岔氣。

我是如何培養基本功的呢？阿凡達的演出給大家什麼印象？？特色鮮明？氣場強大？應對機智？這些是天生個人特質抑或後天努力？

　　魔術師的成長與努力，除卻招式以外，體現在哪裡？今天和大家揭露，阿凡達從學生時代，成為職業魔術師的關鍵歷程，也就是大家看不到的「台下十年功」。阿凡達闖蕩江湖，在各種各樣的場合大量演出。其中，相信有不少觀眾是在「熱炒店」遇見阿凡達的。

　　五年前，我還只是一個熱愛魔術的大學生，雖然已然決定要做職業魔術師，不過具體究竟怎麼做、需要具備哪些能力、該如何鍛鍊這些能力......，都一知半解。

　　第一次接到熱炒店桌邊魔術表演時，一個未經社會歷練、嘴上無毛的黃口小兒到了現場，見到一桌桌大口喝酒

大口吃肉的大哥大姐，對當時的我來說簡直就像是越級打怪！和一般餐廳相比，熱炒店由於它的環境特性，讓身為菜鳥魔術師的我，在演出上遇到了重重困難......。

一、氣場

「您好......不好意思打擾，我是今天的駐店魔術師，請問你們要看表演嗎？」我緊張到連開場第一句話都講不好，能量低到一桌客人的注意力也抓不住......，更別說表演魔術了。氣場太弱，沒有場面主導權；只要有客人反應稍稍熱情了一點點，就被反客為主了。

二、環境

再來是熱炒店因為一般環境嘈雜，客人的「注意力」是最珍貴的寶物，只要稍不留神、節目中一個橋段或是過場不夠有趣，就再也無力回天了。

三、切入時間點拿捏

必須學習判斷桌間成熟可切入的時機。通常在客人吃到七分飽、已經開始邊吃邊閒話家常，動筷子速度趨於平緩，氛圍輕鬆的時候。

四、場面應對能力

「右手打開！」

「你剛剛就直接拿走了，我有看到！」

在熱炒店，觀眾反應非常直接，懷疑任何魔術橋段有手腳，通常會直接明白表示。魔術師如何仍然扮演娛樂者的角色在結尾反將一軍，並在過程和觀眾周旋，成為必修的藝術。

五、客人心理狀態

客人第一時間普遍認為，厲害的魔術師不會在這樣的場合表演；因此直接認定在這裡出現的魔術師肯定是二流

甚至更差的表演者。如何透過一些技巧快速扭轉這個印象，也成為熱炒魔術師必做的功課。

我必須老實說，當時參與魔術比賽已然屢屢獲獎的我，在碰到熱炒店桌邊表演時真的遭遇了極大的挫折感。光是每一次看準一桌客人前去切入，都需要鼓起極大的勇氣。若是遭到無情的打槍，要想切入第二桌，甚至需要花一點點時間平復心情、不斷告訴自己：「再一次！這桌會成功的！他們會想看我表演，而且我們一定會玩得很開心......。」卻再次失敗。就這樣循環往復。

要注意的點太多，而我能顧及到的太少；就好像等級一旦空裝的新手直接進入難度調成地獄的關卡，每一下攻擊都足以把我一招斃命。每次演出的兩個小時都好漫長......；演出結束後都好虛脫......；好渴望自己能做得更好......。到底要怎麼樣才能在演出時，和這些社會上各行

各業的人士平起平坐，甚至從容的掌握主導權、輕鬆幽默應對任何客人的反應及問題，演出神奇有趣的魔術讓一桌桌的客人賓主盡歡？到底怎麼做？？？我渴望一個這樣的自己。

當時的我，過著心情三溫暖的生活。演出能力一有進展，我喜上眉梢。狀態不如預期，我心情盪到谷底。

......就這樣持續了八個月。終於新手穿上了基礎裝備，不再那麼脆弱、漸漸上軌道了。直到現在，阿凡達成為以近距離、互動魔術為生的全職魔術師。回首過去，在熱炒店超大量的實戰演出經驗，太珍貴了！但由於在熱炒店磨練的階段性目標已經達成，往後繼續在熱炒店演出的機率變得非常小。因為要開啟新的挑戰。

不過，由衷感謝每　個曾經和我在店裡有緣互動的客

人。你們每一個人都提供了我在表演道路上成長的養份，都直接或間接的促使阿凡達更接近自己的夢想。大大感謝！！！謝謝你們！！

克服舞台恐懼

如何克服舞台恐懼?

　　為中華科大魔術社的同學們上課時,讓大家上台自我介紹、並發表自己對大學期間有什麼目標和期許,當中聽到有不少同學提到,想藉由魔術來克服自己的「舞台恐懼」。

　　舞台恐懼?!這對我來說真是一個既熟悉又陌生的詞呀,作為職業魔術表演者,當著眾人面前表演,是再自然不過了,幾乎就要忘記世上有「舞台恐懼」這回事了……,但當然是存在一個克服的過程的。

感謝同學們藉由這段課堂交流，讓我回憶起「舞台恐懼」，所以想和大家分享自己克服舞台恐懼的經驗，希望能對大家多少有點幫助。

高中時期和同學一起創立了「魔戲術劇社」（魔術和戲劇結合的社團），所以每逢迎新、成發等都有上台演出魔術的機會。

還記得當時的我一知道自己要表演，自表演日期往前算兩個星期都會嚴重失眠。躺在床上翻來覆去，腦海中不斷在跑的就是表演當天的每一分每一秒每個環節會是如何如何進行......，在腦海中模擬情境，非常真實，真實到緊張的感覺也是真的，腎上腺素不斷分泌，每晚都到大約三點才能入睡。

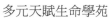

到了演出當天完全吃不下飯，前一刻一直在廁所邊徘徊，一是可能拉肚子，二是需要一直站在鏡子前，對著鏡中的自己說你是最強的。

相信正在讀文章的大家，不管是在求學過程中要上台報告，或才藝表演等，對上面形容的這種情境應該多少都有點共鳴吧。

以我當時的情況，面對舞台，實在不能說是比一般人強多少啊。不過時至今日，上台前不能說完全沒有緊張(其實大多時候是啦)，但整體從容很多，可以用最舒適的狀態面對表演。

怎麼做到呢？（終於要講重點了）簡單來說，只有三點：

一、**轉移焦點**（想像自己成功的樣子）

　　這裡說的轉移焦點並不是要你不去想等等上台會發生的事，而是請你試著把焦點從「萬一我失敗的話」轉成「萬一我成功的話」。按照經驗，大部分人會很緊張都是因為太重視那件事，深怕在任何一個環節搞砸了，所以怕這個又怕那個，然後就越想越怕，把事情越想越難。此時你的焦點完全放在「失敗」，滿腦子想的都是失敗的畫面，以這種狀態來做事的話，是很難把事情做好的。

　　怎麼辦呢？建議你不妨先別管那麼多，清空腦袋，任性的放縱自己想像一下─萬一我等等上台後發揮超級好，執行超級順暢的話，會怎麼樣呢？

　　可能是觀眾給你超熱烈的反應，可能是那種壓力瞬間煙消雲散的暢快感。想像一個好的結果，會讓自己身心都為成功做準備。

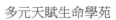

二、丟掉完美主義

　　如果你發自內心覺得等等上台一個錯誤都不能犯、每一個環節都必須和預演時一模一樣，那你絕對會緊張到不行的。這裡給個建議，你都即將要上場了，臨時抱佛腳的準備對結果影響並不大。告訴自己：

　　「犯錯其實也沒什麼大不了。」人生的路很長，今天的你覺得很重大的事情，把時間軸拉長到十年，根本就稱不上什麼事了。

三、大量的執行

　　高中時，我的演出頻率大約是一個學期四、五場演出，當然每場演出戰戰兢兢，要是搞砸了好像天崩地裂了一樣。

但到了現在，演出頻率實在是不可同日而語，一年光公益就演出一百場，暑期在傳藝一天演出三場、一個月就演出了八十四場，幾乎每天都表演。以這樣的頻率來說，演出要緊張，反而變成一件困難的事了。因為人是習慣的動物，只要在短時間內超大量的行動，用不了多久，就能適應新事物新挑戰了。

就是以上三點，其實解釋花了比較多篇幅。

✽ 重新總結：

一、轉移焦點（想像自己成功的樣子）

二、丟掉完美主義

三、大量的執行

1-4 打破刻板印象

談到魔術，一般人腦海會浮現什麼畫面？燕尾服神秘男子，從高帽抓出白兔？一連串華麗動聽的台詞，同時操弄手中躍動的紙牌？一台割來刺去的木箱，搭配氣勢磅礡的音樂，木箱一開，女孩卻毫髮無傷？

以上這些，都是魔術在歷史中非常珍貴的記憶。這些曾為主流的表現方式，如今成為大眾對魔術的刻板印象。但就像任何專門的領域一樣，魔術是很大的。

自外而觀，魔術師長成什麼樣子呢？高矮胖瘦百款皆有，優雅從容的、幽默風趣的、搞笑滑稽的、氣勢雄偉的、

神秘難測的、親切近人的......，風格各自大異其趣，但每種演出方式都有大量的觀眾等著自己被驚奇、被娛樂。

無論各種形象，他們都是成功的魔術表演者。

從內而論，魔術師就是：

1. 扮演擁有某種特殊能力的人，並且樂於展示能力讓大家為此驚奇。

2. 帶領觀眾一同體驗某種無法解釋的現象。

由於每個魔術師的生長環境、文化背景、過去的經驗、對魔術的態度都不同，面對現實世界的看法也就不同。所以創作的奇幻世界也會不一樣，表現的方式自然就不一樣。因此其實沒有「魔術師該有魔術師的樣子」這回事。

現在大家口中所謂「魔術師該有的樣子」，只不過是上個世紀的主流罷了。每個魔術師都按照自己的想像，創

作了一個屬於自己的奇幻世界，並且透過不斷的練習、改進、演出、修正......，成為大家在台上看到的結果。

對我（魔術師阿凡達）來說，找到一個自己和觀眾都最舒服的互動方式，這是一個靈魂和世界互動的過程。

目前類似嬉皮或民族風裝扮，就是現階段的我喜歡的，也是我對魔術的看法。

所以當有廠商告訴我：「魔術師不就應該要有西裝燕尾服嗎？」

「表演音樂要有氣勢。」

「找觀眾互動時要有襯底音樂。」

「道具要大要華麗。」

「以上都沒有的話你還是一個魔術師嗎？」

我會明白現在有兩條路，我或是放棄這個客戶，或是想辦法讓他體驗一次現場演出讓他了解：要達成好的演出效果，並不是只有他刻板印象的那種方式。

剛剛起步的我，曾經也擔心過如果要走職業魔術師的話，會不會演變成常常要被迫以自己不喜歡的方式表演（折造型氣球、扮小丑、扮聖誕老人⋯⋯）。畢竟我喜歡的方式目前在市場上相對少見，而且在起步的時候和客戶的溝通成本是比較高的。

現在的我非常感謝自己在過去一兩年的時間，不斷的用各種方式告訴大家，阿凡達就是一個長這樣的魔術師，就是會穿得有點像浪人，就是會跟你說我演出三十分鐘都不要放音樂，就是會說只要一張桌子和麥克風就搞定一切。甚至到了現場你才發現我沒穿鞋。就是會直接嗆觀眾，嗆得他們哈哈笑。

感謝所有支持阿凡達表演的朋友們，是你們的支持讓我能夠以最快樂的方式，生活在這個世界上。

1-5
願景來自初心

　　大家覺得一場「好的表演」是什麼呢？精心的設計、巧妙的安排，加上一次又一次的排練，造就一連串精準流暢的動作？或許......還有另一種可能？「即興式互動」目前是阿凡達最得意的演出方式，演出過程中，面對各式各樣的觀眾，每一秒都會有料想不到的事情發生。面對這些劇本上不存在的狀況，如何應對觀眾，才能化危機為轉機，必須當場臨機應變，考驗表演者的經驗與智慧。

　　「桌邊魔術」與「舞台魔術」很大的差異就在這「即興式互動」的功力，這需要智慧，也是一種藝術。讓我長

期投入桌邊演出而樂此不疲的，正是即興式互動的魅力！

　　再來就是打破日常生活的框架，可以為人帶來快樂、好奇、甚至希望。試問，「魔術師」與「詐騙師」有什麼差別？有次做桌邊演出，當我切入一桌來自馬來西亞的朋友時，他們的反應居然是：「兄弟你確定是要來變魔術嗎？實在很不巧，因為我們剛剛還在討論關於騙子的事情，我們這位朋友最近被騙了一些錢......。」但是當我認真表示真的就只是變魔術的時候，魔術開始了。大家非常享受，過程有說有笑，而當我演完這桌，才發現自己不小心晚了半小時下班。

　　最後收完東西和他們說再見時，其中一個觀眾告訴我：「在你來表演前，我一直在煩被騙錢的事情，煩到睡不著覺，但是剛剛看完你的魔術，我心情愉快多了，覺得終於可以好好睡覺了。」

回家的路上，我忍不住思考一件事：魔術師和詐騙集團，同樣是想方設法、無所不用其極的騙人，卻是一則奪取資源令人痛苦，一則給人希望使人愉悅。大家總說凡事一體兩面，果真如此。甚至連「騙人」都可以因為動機良善，而變得這麼美。感謝至今所有體驗過「魔術師阿凡達‧Avatar the magician」演出的所有觀眾朋友。你們的支持讓我能義無反顧投身魔術，讓我活在這個「美」裡。

還有一次去啟聰學校演出，也是很特別的經驗。因為很開心也很榮幸能被邀請到啟聰學校校慶演出，為此還特別向手語老師請教，在演出開始前，把我想說的話用手語傳達給大家。這一段演出前的手語有錄影，也獲得很多觀眾迴響。

「好有誠意的表演，用手語開場真的令人感動。」

「老師謝謝你願意來！看到你打手語好感動，快要比我們強了哈哈。學生也都很開心，真心感謝。」

「你真的是一個好認真的魔術師，看到你比手語我覺得好感動喔！一個很用心的你。」

「你超棒！表演還沒開始我都想拍手了。有看魔術表演會哭的嗎？哈哈哈哈哈，為何我看自我介紹這麼感動啊！」

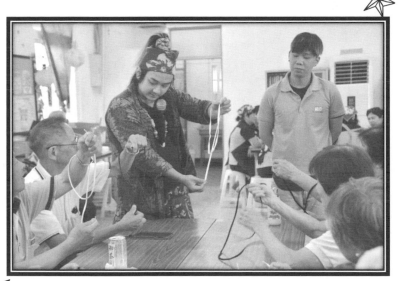

　　人與人之間溫暖感動的交流，也是我想透過魔術送給世界的禮物。

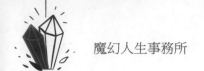

1-6
百場公益演出

　　大家都知道創業並不容易，初期打基礎是最辛苦的。2017 年感謝許多貴人介紹，我在各式各樣的場合表演，像是婚禮、春酒、尾牙、餐廳、商業聚會、親子餐廳、PG 課程教室、街頭魔術、直播平台與電視台……。

　　另外，我設定了一個目標，在 2018 年底前完成一百場公益表演，也就是「凡達進公益百場」，所以日照中心、家扶中心、康復之家、育幼院、監獄、愛心義賣活動……也都有我的表演足跡。沒想到最初的百場公益計畫，至今已經是二百場的完成式，而且還是持續地進行式。

另外在公益演出第 193-195 場時，我帶著四位高中魔術社的同學一同為長照機構托老中心的長輩表演。希望百場公益演出所點燃的愛與陪伴一起傳承下去！

再說「阿凡達進公益百場」計畫，就像一顆種子。

某天我收到來自香港魔術學院創辦人—香蕉王子—的來訊，說這段時間一直關注阿凡達的公益演出，覺得如果能夠以某種形式在香港也發起這樣的活動就太有趣了！！

當然，我也這麼覺得！

訊息討論到一半，香蕉王子突然說：「你明天有空嗎？那我來兩天！」這樣瞬間買了機票飛過來了。

我們就這樣進一步認識、彼此了解、密切討論了兩天一夜。我們都很確定，公益百場只是起點。接下來會有「大計畫」要發生啦！！！敬請大家持續關注和支持！

1-7 敬邀貴人相助

　　全台灣約兩千三百萬人口，以一個表演者能觸及的量來說，看過我表演的人算是非常多的。觀眾和阿凡達——我們曾經有緣在現場相遇，無論是春酒、尾牙、宜蘭傳藝中心，還是餐廳桌邊演出……曾在彼此生命有過一段回憶。

　　除此之外，也有很多觀眾真正的以行動支持，在臉書搜尋了「魔術師阿凡達·Avatar the magician」並且按了個讚。

（從前年剛開始做全職魔術師的八百多人按讚，到現在已有七千多人。累積公益演出 198 場並且持續刷新紀錄。）

　　阿凡達從十六歲接觸魔術，就夢想用自己最喜歡的方式表演魔術並以此為業。因為是很個人的方式，所以就如同大家所見，比較非主流......也曾擔心不合大眾胃口。

　　但現在來說，這完全不是問題。因為大家的支持，讓我可以自由的活在魔術夢想裡。

　　因為大家每一場的演出邀約，讓我可以無後顧之憂的發展我心目中這個永垂不朽的大藝術。

　　由衷的感謝大家。誠摯的邀請大家，可以幫阿凡達粉絲頁評論，讓我更了解大家的想法。

1-8 發揚魔術藝術

　　魔術，是騙小孩的把戲嗎？在餐廳桌邊演出時，經常會遇到這樣的情況：

「您好，我是今天的駐店魔術師，我叫阿凡達。」

「哦哦弟弟妹妹快過來看，這個哥哥會變魔術哦！」(把在一旁玩耍的三歲、四歲小朋友叫過來後，轉向我。)

「你變給他們看就好。」

說完後幾個大人就準備繼續聊天......。

　　我看著這兩個連話可能都還講不好的小朋友，再看看這些正要聊天的大人，心想你們把魔術當成什麼了？不等大人開始聊天，我先開口了：

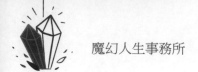

「咦？所以你們不看嗎？」

「沒關係啦，你就演給小朋友看就好了，小孩子很好騙，你應該 OK 的啦。」

「（開玩笑語氣）哇！你這樣講就太過分了，我練習魔術也有十年的功夫了，況且你們也不知道我演出得怎麼樣，搞不好很精彩啊，就這樣直接不想看，連三十秒的時間都不給我，是不是太不夠意思了？還要我只演給小朋友看，難道在你們心中，魔術真的不過就是騙小孩的把戲？」

大家聽到這裡開始覺得不太好意思，紛紛致歉，停下動作決定給年輕人一個機會，看這個奇怪的魔術師要演什麼。

最後的結果，當然是賓主盡歡。

藉這故事當一個引子，想和大家分享身為職業魔術師體會到的一個很矛盾的現象：

1. 魔術是給小孩子看的嗎？
2. 小朋友真的很喜歡魔術嗎？
3. 小朋友最能體驗魔術的神奇嗎？

發自內心深處的回答，以上三題答案都是否否否，大否特否！

但偏偏現在社會大眾很普遍的這麼認知。當然，這可不能怪社會大眾，我們只能分析是什麼導致這樣的風氣？

至於為什麼否否否？
為什麼魔術根本就不是給小朋友看的？
為什麼小朋友其實沒有很喜歡看魔術？
為什麼小朋友並不能真正體驗魔術的神奇？

　　就我目前的認知，魔術之所以神奇、之所以震撼，是因為觀眾見證或參與了「某種顛覆他日常認知的事件」。顛覆越激烈，魔術在觀眾心中的力量就越強大，對吧？

但是這個顛覆的前提是：

　　觀眾的腦袋裡要先有一個「日常認知」——就是對一切事物可能或不可能、正常或不正常的判斷標準。當一個觀眾有了較穩固的日常認知後，顛覆日常認知才有意義。

　　我們回來討論孩子們看魔術。對孩子們來說（尤其是五歲以下的孩子）這世界的一切都很新奇很有趣，或許有一些規則和邏輯，但是還沒完全被自己的經驗法則歸納完畢。所以出現對他們來說不合邏輯的事情，其實也是合邏輯的。

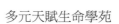

　　不過，可能看到這裡有些人要反駁了，照這樣說的話孩子們應該對魔術會沒反應啊？但小朋友看到鴿子被變出來、桌子浮起來也都是叫得不要不要的不是嗎？沒錯！現在該告訴你那次桌邊表演的結局了：當我從空無一物的杯子裡，變出一顆檸檬和一顆柳丁時，大人們都抱頭崩潰了！弟弟妹妹也大叫了……只見弟弟很激動的抓了柳丁說：「我喜歡吃柳丁！」

……大人小孩激動的原因完全不同啊。

　　魔術就是藝術，就是魔術師用各種方法，顛覆觀眾對世界的認知，讓觀眾感到驚奇的藝術。

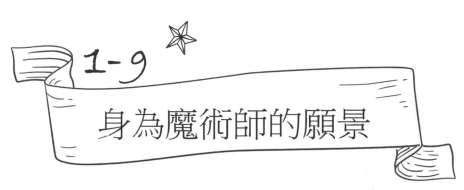

1-9 身為魔術師的願景

在外面認識很多人一聽到我的職業都會先愣一下，接著說：「哇！好酷哦！」接著會問：「可是當魔術師要怎麼賺錢？」

的確魔術這個行業相較於士農工商上班族、公務員等是少見的。簡單說明一下，做為魔術師，最主要的收入來源可以分成：

1. 表演（婚喜慶公司尾牙春酒等各種場合）
2. 教學（校園魔術社團、開班授課、辦講座等）

說到這裡，大家可想而知：

接魔術教學會比魔術表演相對穩定。因為若是表演，一場演完之後下一場在哪裡很難說。而且如果這個接洽窗口是為了某一特定節日舉辦活動（例如中秋節），那麼做完以後下一次活動很可能就是明年了。

這樣比較起來，指導校園社團一接就會是一個學期的工作，暑期安親班也有兩個月的固定時間固定收入，相對穩定很多。

教小朋友變魔術，在魔術市場來說似乎是每個魔術師或團隊絕對不能放手的生意，因為教學市場大大的補強了魔術師這行的收入不確定因素。

但阿凡達很早就決定不再接任何高中以下的魔術教學了。（以下「教學」皆指對象高中以下的課程。）和許多魔術師朋友聊到這個時他們都不能理解。

「怎麼不接教學呢？教學等於讓你有固定收入啊。」

「你的演出量真的有大到寒暑假接不了教學？」

　　說實話，退伍之初一開始除了暑期在傳藝演出真的走不開之外，初期接的演出量的確沒有大到時間排不出來。另外教學有固定收入這件事當然是吸引我的，這些我都了解，但還是不做，因為這是我的選擇。以下是我的想法，歡迎交流指教。

一、表演和教學完全是兩回事

　　雖然兩件事都跟魔術相關，但有極大的不同。

　　教學的目的不但要讓學生了解魔術原理後可以操作，更重要的是「教導學生以正確的觀念了解魔術」，這件事其實並非很困難；但如果對象是小朋友就......你知道的，變得複雜很多。要管制序、處理小朋友間的糾紛等......。

魔術是很美的，用好的方式帶領學生欣賞魔術背後的智慧、哲理就是老師要做的，必須不斷在這方面進修自己，因為這本身就是一門大學問了。

二、阿凡達以頂尖魔術表演者為目標

表演魔術是一門博大精深的學問，也是我十年前還是一個高中生時的初衷。魔術師並不是只有在表演時才在工作，更多的工作是私底下完成的，舉凡研究魔術、研究表演、練習......等等，所以其實就算沒有演出，也應該是很忙的。

綜上所述，我最想做的是魔術表演，魔術教學並非我的志業。再加上倘若我為了得到穩定收入而排開了時間接了教學，看似一小時一小時計算的零碎時間，累積下來也是很嚇人的。既然我已經明確了表演的目標，就不該把時

間花在那裡了。有捨才有得。捨棄了教學這個穩定收入，才能把更多時間用在刀口上，也就是精進表演。

這樣的堅持一路走來，隨著演出機會增加，演出量多的時期甚至到需要特別安排休息期間刻意不接演出，才能好好休息。

當然對於教學，我還是有珍貴的回憶。例如湖南集會所的課程，每次一到現場，長輩們都熱烈歡迎，張老師總是馬上噓寒問暖、一下泡青草茶泡牛奶的，超級熱情。因為大家有幫我按讚、週週和我討論粉專貼文...，這段時光真的很開心。由衷祝福湖南集會所的長輩們身體健康、萬事如意！這個課程能夠成行，特別要感謝秀芬姐不辭勞苦的邀請，以及在去年和育田基金會合作的全國據點聯繫會議，這一切緣分才得以促成。

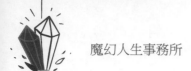

　　無論表演或教學，希望我的魔術讓每一次相遇都是值

得珍藏的魔幻時刻。

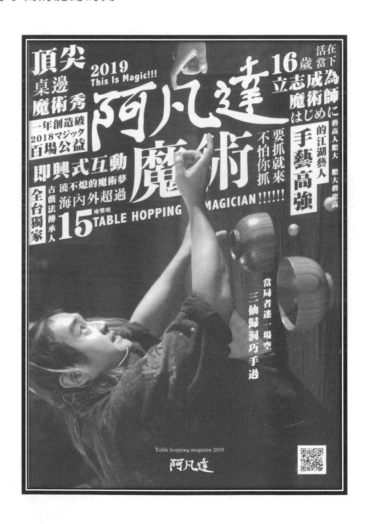

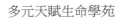

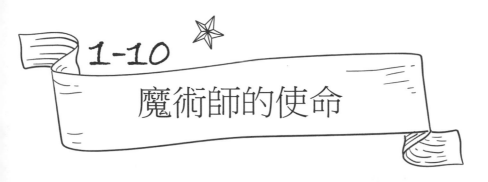

1-10 魔術師的使命

【魔術師阿凡,達人生使命】

1. 衣食無虞

2. 向大眾推廣以友善的態度看待魔術

3. 提高魔術師的社會地位

4. 做一個啟發者

5. 大量創造無法言喻的奇妙體驗

6. 寓教於樂用魔術傳達正面思想

7. 做一個正直善良親切的人

8. 點燃人們的精神能量,激發人們的動能

9.創造落實社會公益的氛圍

10. 透過魔術連結世界形形色色的人

11. 透過魔術和大家分享逆向思考的藝術

12. 透過魔術和大家探討什麼是真什麼是假

13. 透過魔術和大家分享世間變化的道理

14. 透過自身的成功來印證行行出狀元的道理

15. 透過魔術鼓勵大家逐夢踏實

16. 透過魔術提醒大家保有一顆童真的心

17. 透過魔術提醒大家身而為人，每分每秒體驗的珍貴

18. 透過魔術和大家分享美的事物

19. 透過魔術和大家探討何謂可能何謂不可能

20. 作為魔術師，一生致力於達成以上所述的每個項目

PART-2

中醫經絡能量芳療師

佩樺

邀請您與作者群建立更密切的關係

2-1
祖父母長輩緣

　　很多朋友覺得不知該如何和老人家相處，但對我來說和老人家相處卻是充滿了溫馨。這或許和兒時記憶有關。我的爸爸媽媽都是上班族，在生下弟弟之後經常忙不過來，所以有段時間我就被送回台南鄉下讓爺爺奶奶照顧。因為我是讓爺爺奶奶照顧的唯一一個孫輩，爺爺奶奶很疼愛我，還買腳踏車給我騎、買零食給我吃。長大以後看到老人家都覺得非常親切。或許因此也影響我填寫大學志願時，填寫了社工系。

　　有讀書會朋友暱稱我為「創造和諧關係」的種子達人，我也接受讀書會夥伴邀約，每月為她父親經絡按摩與芳

療。「用愛陪伴」是關鍵，我會特意貼心設計一些特別的互動或小遊戲，讓夥伴和父親的心更靠近！聽說老先生經常會對女兒說：「妳那位朋友什麼時候再來呀？！」

2-2 中醫師研究助理

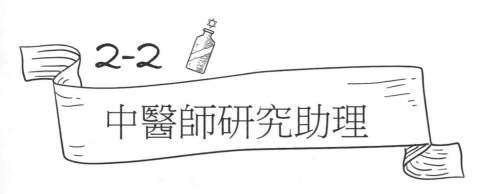

　　因為在和長輩相處的過程中，看到身體不適對心情的影響，大學期間也對中醫感到好奇，為何針灸按摩就可以對身體有幫助，大學畢業後我去參加中醫師檢定考，同時也去做中醫師研究助理的工作。

　　當時算是職業生涯中比較輕鬆愉快的時期，工作中和同事、醫師以及來看診的患者可以輕鬆愉快的聊天。看到許多人經由中醫獲得了養生保健的協助，讓我對中醫產生憧憬，於是開始準備取得中醫師資格相關的學習和考試。

　　可惜當時智慧未開，面對許多專業書籍，雖然也有補習，但還是有很多沒辦法真正了解和體會的知識，只能硬背起來。雖然取得了「中醫師檢定考及格」，但在特考這一關沒有成功。我覺得或許自己的體會不足，需要更多學習鍛鍊，所以決定先找其他相關工作，讓自己有機會進一步獲得更多的學習和體會。

2-3 長者居家關懷社工

　　大學畢業後在從事社工的時期，我也選擇了老人居家照顧服務。當時每天上班要從台中騎到石岡，再從石岡騎回台中。除了居家探訪，還必須寫很多的報告，彷彿永遠寫不完。那時候印象很深刻的是看見那麼多長者因為缺乏陪伴而過著孤獨的生活。即使後來離開社工員的職務，我還是經常會自發性的服務老人家。

　　例如在學習按摩的期間，我看一位偶爾會遇見的做回收的老婆婆很辛苦，就主動提議到她家幫她按摩。她兒子聽說這件事，覺得怎麼可能會有人主動要到府為老人家免費按摩，一定是騙人的吧？！因為她兒子怕是金光黨詐

騙，所以堅持在我們約好的時間在家裡面等我，想要看看我是何方神聖，等見到我之後確認不是詐騙集團才放心，哈哈。

後來學「種子法則」，也和讀書會的夥伴一起去安養院服務老人家。從發起的時候只有我自己一個人去，到兩三個人，後來三十幾個人......，出現大家要搶名額才能報名參加服務的盛況，真的很有趣，非常非常感謝大家踴躍響應。

2-4
保險業務成就與掙扎

在無法勝任長途跋涉居家探訪後還要撰寫大量報告的工作量，而離開老人福利基金會後，我尚不知道自己究竟適合做什麼。朋友問我要不要試試看保險業務的工作？因為從事保險業，也是在許多人需要的時候提供他們急需的協助與服務，所以我便去試試看。

保險對大部分的人來說，是平常備而不用、但在發生緊急狀況有需要的時候，卻是非常重要的生活保障。進入保險業有很多需要學習的，例如各種相關法規、各種保險和理財產品，在什麼時候提供保障、如何申請、費用如何計算……等等，更重要的當然還有學習業務開發的部分。

對當時的我來說，業務開發和收入不定，是我很大的壓力源，我沒有辦法只專注在「保險是助人的工具」這個理想化的部分。或許是自己不擅於調適，而每個月的業績壓力就是一個必須要去面對的現實，當時壓力實在是太大了，雖然其實平均起來我當時每個月的收入真的還不錯，但總是在業績進來之後只高興那麼一下下，馬上要開始煩惱下個月的業績。那時候因為壓力造成消化吸收不良，可能是我這輩子身材最瘦的時期。既然長期努力下來，已經確認自己無法適應被壓力追著跑的工作型態，終於下定決心再次轉換跑道。

2-5

身心靈照護的憧憬與考驗

　　當時我想，最接近不用吃藥、但是運用中醫原理讓身心恢復健康的，大概就是經絡指壓按摩，在經絡上運作、但不像針灸是侵入性。為了能儘快在第一線工作，我去報名當學徒以便密集學習。學徒雖然學習期間不用付學費，但在正式工作之後會從薪資裡面分期付款，學習期間也沒有收入。但是因為課程是在平日白天整天，我無法另外去找全職工作，那我生活費該如何有著落呢？因為平日都是上課學習，只好利用周末去打工。

　　在我找的打工裡面，有一些臨時工作，像是發傳單、舉廣告牌，要在週末的一大清早和一群貧苦的人一起排隊

爭取工作機會。當貨車開來，就會從當中挑選他們要的對象，然後上車載到工作地點，等到一天工作結束，再把人載回集合的地方。因為這種臨時工的工作，讓我有機會接觸到一些在經濟方面處於極度弱勢的族群，他們以勞力和時間換取極微薄的薪資，只能糊口度日，根本無從計劃未來。其中有幾個長者非常驚訝好奇地問我，這麼年輕又有大學學歷，為什麼會跑來跟他們一起做這樣的工作？當知道我是為了學習一技之長而必須在學習的時間之外擠出剩餘的時間來賺取收入，他們有些人也很感動的告訴我，哪天學成了他們要來讓我服務喔。帶著他們的鼓勵，我撐過了那段辛苦的時光。

沒想到學習結業後正式上場，再次進入一個「以健康換取收入」的職場生態。我從事經絡按摩服務的是一間小有名氣、有很多外國觀光客的店家。為了提供最多的服務量，經常營業到深夜和凌晨。當時下班再回到住處休息，

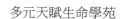

都已經是凌晨兩三點了。店裡服務的前輩，大家都為了存錢養家而卯起來工作到深夜，真的累到受不了的時候就到休息室小睡一下。日夜顛倒的生活讓我的身體很快就因內分泌失調臉上長滿了大痘痘，即使好了之後也已經留下深深的疤痕。當我認清這就是一個血汗職場，不禁非常難過......，究竟要如何才能夠找到一個真正兼顧身心靈平衡的療癒工作？或者說，真的有這樣的職業存在嗎？

2-6

種子法則的奇蹟

　　努力後換來的竟是血汗職場，沮喪難過中，我認真詢問一位自己十分信任的朋友，關於他熱忱推薦的「種子法則」，真的可以帶來百分之百的成功嗎？朋友肯定的告訴我，「這是保證可以百分之百成功的道路」。於是我去參加《當和尚遇到鑽石》系列書籍的讀書會。

　　為了落實這套法則、確認是否真的百分之百有效，我開始策劃每月一次的安養院服務。因為種子法則說，「生命中得到的一切來自於給予」。為了「種」出兼具身心靈療癒的工作，我想，去安養院陪伴老人家，同時帶給他們身體的按摩照顧、歡樂氣氛的心理陪伴……，應該就是可

以兼具身心照顧的種子了吧？!把我會的按摩帶給全世界最需要的人——也就是安養院的長者，這樣我的事業就會開出美麗的花朵。

　　如前所述，當時我的工作時間很長，而且總是凌晨過後才下班，所以一個月只能夠擠出一天的時間去從事安養院服務。為了這一個月只有一天的服務，我真的是卯起來用心規劃、並號召朋友和我一起去。除了受到「種子法則」吸引而來的朋友，部分是已經參加過種子法則研討會或讀書會的朋友，另外也有只是因為看見朋友分享參與服務的點點滴滴而受到感動就直接來參加的新朋友，大家來自不同的工作背景和各種專業領域。因為我們每次去服務都非常用心，有人事先練習樂器演奏，陪伴老人家唱他們喜歡的歌曲；有人為老人家按摩放鬆。老人家只要有人用心陪伴、和他們說說笑笑就很開心。我們去陪伴他們的同時，自己也都很開心、很感動。當時很認真拍照記錄、用照片

和文字分享這樣的感動，影響很多朋友發心響應，才有後來的盛況。真的非常感謝大家。

因為這些每個月一次的安養院服務，我才有機會認識從事 SPA 芳療的 Eva 和 Rita 等芳療師朋友，才體會到這世界上真的有一些自然療法工作者，是可以溫柔撫慰照顧身體與心靈，而且不必是血汗職場的工作。當我想著該怎麼從原本的職場轉而進入 SPA 芳療的場域，並且繳費報名了前輩所推薦的芳療課程之後的某一天—就如同種子法則所說的，就在「種子成熟的那一天」—我同時接到了兩通電話，問我有沒有興趣加入她們的芳療工作團隊，而那兩通電話分別來自台灣非常頂級的兩間芳療會館！

我不知道這是怎麼發生的？！她們都樂意錄用我、培訓我成為頂級芳療團隊的一員，學習期間還可以領薪水，

而我根本不曾投遞履歷呀！這讓我深刻的臣服於「種子法則」的奇蹟。

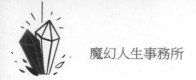

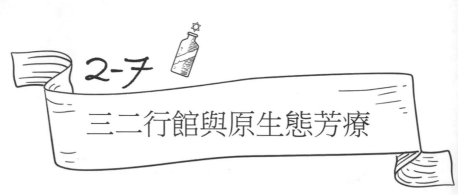

三二行館與原生態芳療

　　三二行館對芳療師的培訓非常的嚴格與紮實。我進去的時候是春天，每天培訓課程結束後還要跑操場，努力達到三十分鐘內跑完五千公尺的體能標準。學習瑞典式肌肉按摩、淋巴引流手法、蹲馬步打經絡拳……，整個流程當中還有翻掀毛巾時必須細膩流暢，不可讓冷風灌入毛巾縫隙、動作不可驚醒睡著的貴賓等等。進入三二行館培訓期間，剛好遇到三二行館休館整修；培訓期結束後尚未等到重新開館，就又遇到特別的機會，加入了吳秀娟老師「大地之愛─台灣原生態芳療師」培訓的一員。

臺灣原生態芳療的培訓課程，充滿濃厚的人文與藝術氣息，除了有多位資深頂級芳療師前輩一同切磋琢磨傳授之外，吳秀娟老師也親自帶著我們即使寒流來襲也風雨無阻的上擎天崗鍛鍊自然能量引流；還有目前名揚國際的台灣原住民畫家優席夫老師、有多年來以母語作詞作曲歌頌台灣土地的紀淑玲老師、有千錘百鍊追求極致造詣的陶藝家王疆老師，以他們的身教示範「道藝合一」的典範。現在回想起來，彷彿一趟不可思議的奇妙旅程。

2-8 蒙特梭利特約芳療師

　　和蒙特梭利幼兒園結緣，也是一份特別的禮物。因為蒙特梭利幼兒園老闆為了讓老師們身心更平衡愉快，經常為老師們安排許多跨領域的課程。在朋友的引薦下我有機會到蒙特梭利幼兒園為老師們進行身體照顧的服務。

　　蒙特梭利的教育方式，對於在台灣體制內教育成長的我們來說是非常特別的。因為他們很重視觀察、了解孩子，讓他們有自主練習、自主學習的機會。家長和老師的角色只是從旁陪伴協助、適時的提供他們所需的支持，但主要還是讓他們可以透過不斷的摸索嘗試，而深化、內化他們的學習。長久下來，每個人的天賦都會自然而然地展現發

揮出來。因為我很喜歡這樣的理念,所以我們的相處合作和溝通等等一直都非常的愉快順暢。

對待我們的身體、照顧身體的原則,基本上和「教育」也非常的相似:要時時觀察、全面性的了解、並且順著身體的機制,過盡量合乎自然的生活,身心自然就會平衡健康。發現用力過度的部位,就練習覺察、放鬆;發現缺乏力量的部位,就適度加強鍛鍊......;就是不斷的調整,讓身心整體更加的平衡、圓滿、健康。

長期服務蒙特梭利老師們累積下來的經驗,讓我可以長時間的觀察每個人在生活中的狀態:職場、家庭、情緒、壓力、性格、思考習慣......等等各方面對身心所造成的影響。例如一個人的思維和情緒,當面對人事物的變化能夠保持彈性開放,通常身體也更為柔軟有彈性。放鬆的性格創造放鬆的身體,緊張的性格創造緊張的身體。當然如果

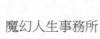

能順應天地節氣和環境、妥善照料身體，五臟六腑健康、經絡暢通，自然能夠有平衡的情緒、平穩的性格、清明的思緒，自在從容面對生活。

　　所以「保養身體」也是「保養心」啊，把僵硬打結的地方鬆開，讓氣血流動到需要滋養的地方，輔助身心的溫暖流動等等。

2-9 有願就有力-成為講師

　　在進行一對一的經絡按摩和芳療工作時，深切感受到一個人的時間和體力有限，究竟要怎麼做才能夠擴大服務的效益、協助更多人健康平衡呢？我想，或許成為「講師」和「分享者」，會是一個擴大服務更有效率的方法吧。於是在參加印度合一大學在台灣舉辦的「現象與禮物」兩天活動當中，我許下一個願望，希望可以成為講師。沒想到才做了這個決定，就有朋友私下告訴我，想跟我一對一上課。

　　上天安排的機緣總是很特別，當時有兩位學生，一位是馬來西亞人、一位是我的朋友，都想學經絡。馬來西亞

學生先問我能不能教她如何用經絡結合美容，想在台灣學完經絡後，帶回馬來西亞創業。我很開心地答應當然沒問題。我跟馬來西亞的學生說：「教學這件事情，是雙方彼此互按才能真正感受。我要按你，你要感受；你要按他，他要感受。被按也是一種學習，不然你怎麼會知道要按多深，要左一點還是右一點。」她聽完後就說她只有自己一個人不就不能學，因為沒有辦法對練，沒有辦法互按。也許宇宙聽見她的聲音，剛好我有一位朋友要開美髮店，想學經絡結合美髮，做相關的肩頸頭護理。

馬來西亞學生非常年輕，家境很苦，她想創業讓家人過更好的生活。另外一個朋友，要照顧癌症的爸爸和憂鬱症、洗腎的媽媽，長輩長期臥病在床，也因這樣，她都沒有結婚；父母晚生育，所以家中只有她一個小孩，沒有人可以分擔重擔。我知道她們兩個人的狀況，就異想天開做了一個計畫：「經絡天使支持計畫」，一共募集了三十位朋

友，每位募集三千六百元，來支持她們的學費。支持計劃的三十位朋友，我做了一份回饋專案，請他們可以帶他們的另外一半來參與，也可以帶家人來，活動旨在增進夫妻或親子的感情。三千六百元同時是支持這兩位夥伴學習經絡按摩創業，也回饋給支持計劃的三十位朋友來增進親子關係或者是伴侶關係，計畫回饋的效益是共好和多贏。這樣異想天開的結果，沒想到最後成功了。

因為有這次教學經驗以後，贊助者看到我每次這樣教學，用心的做教學匯報：內容中有這堂課我教了什麼，而且還附上照片，讓贊助者看到這些募資的使用回報跟迴響，讓這些支持者知道你在做什麼，並且還開好幾場工作坊，回饋給這些贊助天使。當我完成這次的經絡教學，就發現教學不難嘛，工作坊也都辦了，我自己覺得很好、同時也很感動，集合大家的力量幫助這兩個人創業，投資天使也都有親子或夫妻的更深層的互動。

　　為了回饋天使贊助者支持這兩位學生的創業學習，也經由這個機緣讓我成為講師，所以回饋支持天使的工作坊我非常用心的設計。我邀請了種子讀書會好朋友黃靖媛老師，由她帶領雙人瑜珈，結合我設計的感恩按摩，邀請這些天使贊助人可以邀請他們的父母或是伴侶然後親子伴侶一起來參與。除了可以學習到瑜珈和按摩之外，更可以有深刻的互動，回家之後也可以親子伴侶互相練習和實作。

2-10
融入節氣瑜珈的感恩按摩

　　後來朋友鼓勵我結合中醫經絡理論基礎以及節氣養生，我們設計了節氣瑜珈與感恩按摩工作坊，每堂課跟著節氣，加入食療和藥酒、艾灸等等有趣實用又豐富多元的項目，大家在現場玩得不亦樂乎、收穫滿滿。

　　我很感恩朋友當時的建議，為了準備節氣相關的活動，我卯起來複習和精進中醫方面的學習，感受到傳統養生的博大精深。以前準備中醫特考的時候讀得模模糊糊一頭霧水的理論，現在讀起來卻是豁然開朗、津津有味。

為了在課堂分享的時候具有真實的力量，我一定會提前落實在自己生活裡，去品味這個食材、去體驗這個練習、邀請室友一起體會看看並互相討論，體驗這些傳統養生方式對身心造成的實際效果。

感恩按摩的設計，是為了讓人跟人之間產生更深、更真的交流互動。我會用心的找出適合當天主題的音樂，準備好適合當天主題的冥想引導，帶大家一起透過音樂和冥想回到自己內在最柔軟最溫暖的愛的源頭，再把這份初心帶入按摩當中。

畢竟技巧是外在的，而真正帶來療癒的是內在最純粹的愛。有太多人平常不習慣或沒辦法把愛說出來，所以感恩按摩的設計最主要的目的是協助大家讓情感自在流動。所以只要是親子檔和伴侶檔一起來參與，現場的氛圍就會非常的令人動容 、充滿能量。

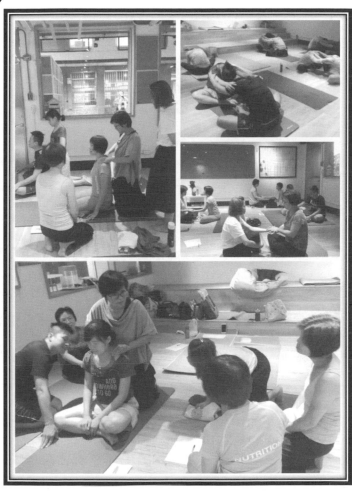

2-11 三二行館客座講師

　　前面有說到，實踐「種子法則」結果奇蹟般的機緣帶我進入三二行館。那時進入三二行館，是受訓的芳療師；現在則是三二行館的芳療經絡講師，為三二行館的芳療師提供培訓課程。因緣來自於三二行館希望芳療可以結合經絡，提供客戶真材實料又多元的深度服務。但一般來說，除非是國術館、中醫從業人員才會較了解經絡系統，因為傳統經絡指壓按摩和芳療是不同的系統；很多芳療師可能不太熟悉經絡，即使學過中式指壓，在學理部分可能也不會太深入。而我本身在通過中醫師檢定考後也有經絡指壓按摩的相關執業經驗，三二行館的主管知道我有這方面的

專長，故邀請我為內部設計培訓課程；我也同時藉由這個機會，把自己所知道、所學的做一個完整的天賦整合。

後來聽說芳療師告訴主管，上我的課很容易吸收體會，學習之後很快就能運用在服務客戶，對實做很有幫助，也加深了對身體整體運作的體會。

我覺得很榮幸也很開心。自己過去懵懂摸索、苦讀中醫、苦學經絡......，到後來終於可以清晰整合運用，可以對別人的學習有所幫助、協助別人輕鬆學會，真的很開心很滿足。

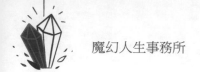

2-12 調身先調心-正念引導師

目前除了持續落實「種子法則」，我也愛上在生活中練習「正念」。長期練習正念覺察，我的觀察力、直覺力都更敏銳，對很多事的反應也更穩定。心念、信念影響能量，能量影響健康。調身之前先調心。心是最根本的。

「坐在這裡，我感到一股淡淡憂傷。因為正念，我可以分辨這不是我的憂傷。可能是之前坐過這張椅子的人遺留下來的情緒波動。如果沒有正念，我可能誤認為這是我的憂傷，然後頭腦開始找理由、開始編劇來合理化，把這個憂傷變成了自己的......。」這是我練習正念一段時間之後的生活筆記，因為身心更穩定，所以覺察更敏銳。

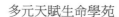

　　透過長期服務和教學分享的經驗累積，我在「身心交互作用、交互影響」這方面有了更多深刻的體會，對於一行禪師和西方學者整合過的「正念練習」產生了莫大的興趣，並且順利取得初階和進階實習正念引導師資格，同時不斷的在每天生活中進行運用和帶領團體。

　　在人際互動、處理問題、以及和兒童相處的過程中，我不斷看見「正念」的功效，讓自己和周圍所有的人都更穩定、和諧、共好。接下來也會持續和朋友一起合作推廣正念。歡迎大家來參加！

2-13

死亡冥想與臨終關懷

在麥可·羅區格西「種子法則」的教導當中會提到,「死亡冥想」讓我們更珍惜生命的每一刻。

在參與正念課程一段時間後,我接觸到臨終關懷的課程,這和我長期以來所重視的「愛的陪伴」極度相關,所以我就把握機會去參加。其中有許多資深護理人員,她們平日的工作、甚至工作之外的時間,都會陪伴許多人走過臨終前的那一段時光。

相信沒有人會否認，在生命當中「愛的陪伴」是非常重要的；但是否大部分的人都是在面對生命即將消逝的時候，才會真正願意去正視這一點呢？

如果臨終時刻缺乏愛的陪伴，生命豈非留下了遺憾？但是誰知道死亡的片刻什麼時候會到來？

如果沒有時時刻刻為死亡做好準備，誰能說自己不會留下遺憾？

隨時抱持這樣的覺知，在當下不留遺憾的活著，就是正念的生活。

我希望在我的服務當中、在我的教學分享當中、甚至在生活中的每一刻，都能把正念生活的精神、品質、和實踐的方法分享給接觸到的每個人。

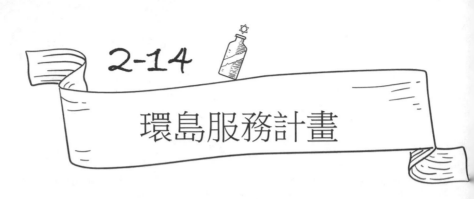

2-14 環島服務計畫

「用愛陪伴」這件事一直在我心上。很多朋友表示自己很難開口對父母表達愛，或是擁抱父母或為父母做按摩都覺得非常彆扭、非常不習慣。所以我想如果我可以環島送愛，到他們家中把他們對父母的愛與感恩透過「感恩按摩」傳達給父母，會是多麼美好、多麼有意義的一件事！

試想，在情感表達相對保守的家庭中，有多少人自從上學讀書開始就從來不曾和父母擁抱了呢？小時候父母經常把我們抱在懷裡，擁抱是那麼自然的一件事；但在長大之後，親子之間互相擁抱的這件事竟然變得這麼生疏。

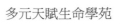
如果我們長大成人後已經那麼久不曾和父母擁抱，那麼我們的父母又有多久沒有和別人擁抱過了呢？

「按摩」之所以這麼的有「撫慰」和「療癒」的力量，我想有很大的原因是因為喚起了小時候最純粹自然的「愛的記憶」。這個記憶一直在我們的身體、在我們的心裡、在我們的潛意識當中，透過按摩的撫慰，這份愛的記憶被喚醒了，我們的身體也更能夠自然地回到放鬆、接納的狀態。

按摩，讓我們更能夠擁抱自己、更能擁抱愛。

「感恩按摩—環島送愛」的計畫在我心中徘迴已久。直到二零一九年當我跟朋友們提起這件事，獲得許多鼓勵，更有朋友表示樂意贊助支持這個計畫。而一向大力支持我的黃靖媛瑜珈老師也說要和我一起執行。我們會接受

朋友的委託，當環島經過他們父母居住的縣市，到他們家中為他們的爸爸媽媽獻上感恩按摩，送上兒女親手準備的卡片和禮物、為他們把說不出口的愛朗讀出來，或獻上一首感恩的歌曲讓父母回到青春歲月的時光。……沿途也許會經過一些敬老機構，我們也去提供服務或是為平常照顧老人家的志工和社工員提供一些按摩和瑜伽放鬆的簡易課程等等。這是初步發想，就看這個愛的漣漪將會如何擴大。

　　最後，分享我很喜歡的一首詩給大家：

<過成熟的生活>

我不再等待特別的日子來臨，

我在普通的日子裡就把珍藏的蠟燭給點上。

·

我不再焦慮房子總是不夠乾淨，

因為我只讓懂得的人來作客，

那怕是有點塵埃都依舊神聖。

.

我不再等大家來了解我，

因為這不是別人的工作。

.

我不再期望孩子表現完美，

我明白的孩子獨一無二，像星星一樣閃耀。

.

我不再為事物的結果糾結，

該發生的都發生了，而我也還活得好好的。

.

我不再等待「對的時間」，

因我有的只有「當下」。

.

我不再等待另一半來完整我，

而是很感恩自己能被溫暖溫柔地對待。

.

我不用再等待特別的靜心時刻,

只要我和我的心連結,祂總是和平寧靜。

.

我不再等待世界和平發生,

我鬆開緊握的雙手,

慢慢從一呼一吸之中經驗和平。

.

我不再等著做大事,

清醒地做好我的小事已經很足夠。

.

我不再等著被外界認可,

我知道我就在神聖圈裡跳舞

.

我不再等待原諒。

．

．

最後我「相信」，

我真正臣服相信。

Author: Mary Anne Perrone

PART- 3

靈氣雅集
靈性藝文沙龍召集人

李筠霏

邀請您與作者群建立更密切的關係

3-1
山與海的大地女兒

大自然是最好的老師，也是最初的老師。台灣有兩百多座高山，且被海洋圍繞，生在台灣即是山與海的兒女。

我在基隆出生，幼年印象總是有山有海。我們住在港口附近半山腰的小聚落，可以向下眺望基隆港，閃閃發亮的海面上總有飛翔的黑鳶。後來父親工作調動，舉家搬遷到梨山，住在派出所宿舍。派出所是日式木造平房，全家擠在一個小小房間；但走到屋外有很多的果樹，下坡的階梯兩旁也經常開滿了波斯菊。每到春天，果樹上滿滿的花朵，小小年紀的我會去撿拾修剪後落在樹下的花朵，向大

人要個酒瓶把花插起來。長大後讀到桃花源記,總會回想起被桃花李花香氣所圍繞的童年時光。

國小教室前的花圃可由班級自行種植,老師指派我和另一位同學負責購買植物。記得我們到市場買了聖誕紅和香雪球種子。香雪球種子發芽才長到五公分,就因為天氣涼爽而開花了,一球一球雪白芬芳的花朵,招來許多粉蝶飛舞,讓我們充滿成就感,也體會生命的神奇美妙。

大學之後在外租屋,遇到有陽台的住處就會忍不住種上一些花花草草。曾經在陽臺花圃裡灑上香雪球、金魚草、紫羅蘭種子,照顧後也紛紛開花,招來成群粉蝶在陽台漫舞。之後有段時間,只要在附近區域看見蝴蝶飛舞,就覺得是我陽台蝴蝶的後代子孫,彷彿也是我的孩子一般,與有榮焉。香雪球生長旺盛溢出了花圃, 垂掛在大樓陽台牆

外隨風搖曳，在巷口便能遠遠望見、聞到隨風飄來的特殊香氣。

曾經參加一場「用生命陪伴生命」專題講座，專題名稱很觸動心靈。展場很特別，是在花博未來館的場地。像似走進森林裡，不時還有水霧噴灑瀰漫在空氣中。作品是用廢棄不穿的衣物布料做成雕塑作品結合多肉植物的組合，成為「有生命的藝術品」。因為是師生聯展，即便同樣的素材，也會有多種不同風格呈現。作品透露的比話語表達更直接、也更無所隱藏。

「用生命陪伴生命」是世間萬物彼此交流的狀態。是一切「關係」的原點。

我憶起；我記得；即使在生命陷落時、即使在企圖與世隔絕時，只因有那一點生命的交集—也許是花，也許是

草，也許是動物，也許是植物……甚至是一抹夕陽殘照，一點遙遠星光，一陣驀然吹過的風，一聲林間啁啾……。

就此維繫住了一時搖搖欲墜的生命。

近兩年陸續學習植物生態缸、水培種植的課程……，異常認真投入研究植物和園藝；暮然回首才發現，原來每當生命陷入低潮期的時候總有植物陪伴我度過。

大自然總是提醒我。
即使獨自一人的時候。
世界始終懷抱著妳。

3-2 ✦

父親的神秘魔法石

　　現在的人經常旅行，甚至出國旅遊也是許多人的家常便飯；但在我們小時候，出遠門的旅行就已經十分稀罕。爸爸曾經因公出差而離家兩三天，回來的時候為我們帶了禮物。那是一盒小小的礦石，紙盒裡面一個一個小格子，每個格子裡面有塊小小的礦物，上面簡單的寫著礦物名稱。就像小朋友上自然科學的標本展示，並不是什麼貴重的寶石。然而對小小年紀的我們就像開了眼界！原來石頭不是只有路邊那些不起眼的灰色石頭而已！還有這麼多各式各樣不同的石頭呀！其中一顆淡橘色的方解石，是我

見過第一顆彩色的石頭，彷彿故事中的魔法石，可能具有神奇的力量。這啟發我對自然科學的興趣，對大自然奧秘的好奇。

高中的時候 開始購買水晶，精品店的價格對學生來說偏高，所以只收藏了少少幾件。研究所時期因為有家教收入，開始收藏一些自己喜歡的水晶寶石礦物。當時往來的幾位同好都是對於能量有敏銳感受的礦物愛好者，偶爾大家也會交換心得，例如接觸什麼礦物的時候身心會有什麼感受或變化。

期間發生過印象特別深刻的事：同寢室的英文研究所室友半夜嚴重生理痛，當時凌晨兩點多，準備幫她叫計程車去醫院。當我在查醫院急診掛號資訊的時候順手把一串大顆的石榴石原礦拿給她，叫她放在腹部看能否緩解疼痛。沒想到我才轉頭幾秒，她就忽然說不痛了，可以不用

現在趕去醫院了。我很驚訝礦石這麼有效嗎，但看她已經可以自己站起來爬到上舖繼續睡覺了。

還有一次一位前輩大哥把收藏的天鐵(鎳鐵隕石)分了一小塊給我，說實話看起來好像一片鐵鏽，因為沒有保養天鐵也是會生鏽的。帶回去稍微把玩了一下，開始全身發熱就像發高燒一樣，然後忽然情緒洩洪似的大哭了一場，哭完筋疲力竭、昏昏沉沉的極度愛睏，沉沉睡了一覺。起床以後神清氣爽，彷彿什麼事都沒發生過。後來前輩才提醒我，身心反應強烈的人可以隔著手套或布料拿取。

研究所時期為了寫報告經常跑國家圖書館，當時關於水晶寶石的書籍還不像現在這麼多，所以很快就找來看完了。翻譯自日本的書籍還有來自香港水晶商店出版的書籍都會寫到水晶的特異功能，但那時候還不了解背後運作的科學原理，缺乏系統化的整合。後來幾年因為學習瑜珈、

接觸各種東西方自然醫學、能量醫學的相關理論研究等等，才開始了解為什麼礦物會對身心造成影響、或帶來特定的功用。

之後有機會參與不同老師帶領的傳承自夏威夷卡崔娜的水晶排列療癒課程。通常老師會發展出各自的帶領風格。在課堂上有機會和許多學員互相練習，除了分享自己的體會，也能夠聽到其他人第一手經驗分享，在學習方面是很珍貴的收穫。很慶幸在實際操作之前，自己有基礎的身體訓練，例如瑜伽和武術舞蹈等等，能有一定程度的身體感知力。也因為曾經長期投入能量醫學研討和相關課程，對於身心能量運作的原理有些認識，所以可以邏輯理性的整合這對一般人來說似乎玄秘的經驗。

3-3 母親的奇異魔法筆

　　從小家境並不是特別好，早期軍公教大概就是貧農或偏鄉家庭脫離貧窮的可能選擇，爺爺奶奶八名子女當中只有五個男孩有機會受教育。父親後來考上警校，和母親結婚後便以當時也屬微薄的薪資，照顧一家五口；所以當我們年紀稍長、陸續就學之後，母親也會接一些家庭手工或是幫人帶娃娃，賺取一些額外收入好貼補家中的開銷。一家五口住一個房間的日子，沒有餘裕讓我們去學才藝，所以我們的才藝啟蒙老師就是爸爸媽媽，爸爸工作經常不在家，總是媽媽盯我們做功課、玩遊戲、說故事、唱兒歌、參考兒童讀物上的插圖作畫。那時候兒童讀物也非常難

得，家中僅有的故事書大概也是堂哥堂姐從前讀的，轉送給我們。

　　那時候看到媽媽可以畫得和書上的插畫那麼相似，覺得如果我也可以畫那麼美的圖該有多好，於是開始臨摹著畫畫，不知不覺養成塗鴉的習慣。即便如此，印象中我美術課的成績也沒有特別好，因為即使我把輪廓線條等等畫得非常精細，一旦需要上色的情況我就會躊躇，因為從小水彩是奢侈品，被千叮萬囑顏料要省著用……，於是交出去的作品只一層淡淡的顏料渲染，在多數學童色彩鮮豔繽紛的作品當中，我的作品看起來幾乎沒有色彩了—果然「相形失色」。直到高中美術課，一堂難得沒有被所謂重要科目佔用的美術課，交作品的時候老師說了一句：「這位可以去考美術系。」這個肯定我一直記在心上。

　　於是就這樣從小塗鴉自學。

低年級時模仿故事書上的插畫塗鴉。高年級時為輔導室設計榮譽卡，為校刊插畫。因為喜歡三毛，也學她在石頭上畫畫。

國中升學的日子裡每天在課本和考卷上塗鴉。半夜要等爸媽睡了再偷看妹妹偷偷租回來的漫畫，遇到喜歡的扉頁也不知道可以影印所以就想辦法學著畫下來。

高中，美術課都會被國英數理科挪用。因為和幾個喜歡漫畫的同學一起傳閱漫畫和玩同人誌而延續。

參加大專生編輯研習營時的插畫被輔導員藉口要走了。手工排版的廣告設計拿到廣告設計獎。文學研究社社長邀約為社刊插畫。中文系上課指定用書的行距間還是填滿許多的塗鴉。

後來再認真畫，似乎就是為了勾勒藥輪石上的能量和故事。多年前為編織藥輪石所畫的草稿。因為都是短短空檔所畫，剛好有用不到甚至用過的紙杯墊，放幾張在包包裡的色鉛筆盒，有點時間就可以拿出來邊想邊塗鴉。

這些作品，留下來的都是一氣呵成。如果畫到一半中斷的，通常不會再去畫了。

我畫畫和寫作都偏好一氣呵成。修改是非常耗費時間和腦力和耐性的工作。類似「修改作文還不如重寫比較快」吧。

繪畫過程的思維無法言語形容。當代科技可以用影像記錄過程，雖然拍不出腦海和全身心與細胞連結、神經系統電流流竄的千變萬化......。偶爾觀看某些畫家的創作過

程，會有特別的感動。(繪畫) 行動中會有些靜止的片刻。
時間可能很長，可能很短，張力卻十足飽滿強大。

　　透過「觀」，進入不同的「狀態」與「覺知」。那個片
刻的靜止，進入的波動頻率是不同的。是時間空間凝靜或
寂止的地方。

3-4 天賦展翅貴人相助

　　如果父母給了子女最初的翅膀，那麼成長過程中出現來指導、支持、鼓勵我們發展天賦才能的良師益友—這些貴人就是鼓勵我們飛翔的人。

　　其實所有的工具、技術，都可以是內在力量的輔助或延伸，所以從前說藝術、遊於藝、文以載道……，都是在嫻熟一個特定的工具技術之後，藉由這個媒介讓自己的創造力和天賦發揮出來。

　　如前所述，大自然是最初的啟蒙，也因為父母的禮物和耳濡目染，喜歡動植物、礦物，喜歡塗鴉和閱讀。從小長期鍛鍊的還有文字的運用、文藝愛好的養成；畢竟在物質不豐的年代，閱讀可以是教育也可以是娛樂，所以在沒有其他娛樂可以選擇的環境下，閱讀和寫作是我童年最大的娛樂。

　　國小高年級導師──許淑娟老師是我的恩師，老師看重並鼓勵我發揮語文方面的潛能，讓我參加許多比賽，也得到不錯的成績，使我在熱愛的文藝方面累積一定的信心。於是從國小校內記者、國語日報發表、國語文競賽、中學持續參加演講朗讀寫作縣內和全國比賽，也算有不錯的成績。比賽通常不會誕生真正的傑作，但對於信心的培養還是有幫助。就這樣在充滿升學壓力的中學時期，無論有沒有參加比賽，寫作一直是我尋求表達的出口。除了少許參

加比賽或發表的作品之外，更多的是只寫給自己看的日記和創作。

說來有趣，可能是小時候經常被老師或學校指派任務、參賽等等，帶給長輩們的印象，就連我自己都以為自己是所謂外向型的孩子。後來才覺察，自己的特質應該是歸屬於內向型的人。參賽等看似活躍的狀態，都是時勢造就出來的。從小身為長女而必須承擔的責任、期許，長期以來已經造就了硬起頭皮上場的習慣。會被老師選為幹部也不是因為自己多麼優秀，而是因為在家庭教育中已經養成願意配合、願意服務的態度。可見「時勢所逼」也會造就出原本不存在的天賦呢，哈哈。

一個人如果走在天賦道路上，就很容易出現特殊機緣，彷彿有無形的力量一起來成全。以我為例，雖然家境和長輩的觀念都無法支持我們走音樂美術之類的道路，但是只

要接觸音樂美術相關的活動，就會出現相當特殊的機緣。高中加入合唱團，高三的時候大家紛紛退出社團準備聯考，我堅持持續，也因此參與了當年在國家音樂廳的跨年音樂會《貝多芬第九交響曲》大合唱。或是參加 RAWA(靈性文藝復興運動協會)演出，有幸和國寶級原住民歌手同台。

從小我也曾羨慕別人可去學芭蕾、學鋼琴、學畫畫……，羨慕別人可以上舞蹈班、美術班、音樂班。而我能做的就是努力把握「機緣」，國小的美術課、音樂課，高中的合唱團，大學的詩社……。

換個角度來看，沒有科班出身的基礎，也就沒有科班出身的框架；主流不會去犯錯去嘗試的，非科班出身的人可以去犯錯去嘗試。生命中某些特殊的機緣，或許就是徵兆或路標，用來提示我們：YES！你正走在天賦道路上！

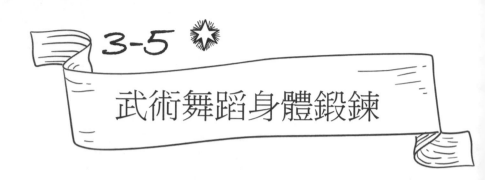

武術舞蹈身體鍛鍊

大學期間參加國術社，每周至少三次團練，每次團練兩到三小時，站樁、踢腿、套路……。每學期初、學期中、學期末會舉辦武展、社團成果展等活動，所以除了固定團練之外也經常要額外排練或相約練習。參加寒暑訓期間則是每週一到五都是整天的練習。雖然對於身體感知還是懵懵懂懂，那時奠定的身體基礎就是傻傻地練習。

　　直到數年後在瑜珈師資班聽林崇銘老師講解各種體位法如何帶動、影響身心各層面的運作，才恍然大悟以前練國術除了外在的套路身形，自己還練了些什麼。在之後接

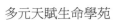

觸東方舞、非洲舞、印度古典舞......，逐漸可以覺察更多。用心練習，用心體會，和身體連結越深，越能覺知身心的關聯。

　　跟隨過不同的老師學習、也長期觀察不同老師的身心變化，除了身體鍛鍊方式塑造不同身形，秉持的「心法、觀念」更會使人呈現不同的神貌。例如看中東舞者的 oriental dance，和臺灣甚至歐美舞者有很大的不同在於「從容」，這份從容的魅力很難言說。

　　如果同時觀看，會覺得亞洲和歐美舞者的技巧組合經常更為繁複炫目。而中東舞者似乎是「寧願」從容而顯得相對簡單、單純。一種是「努力」的舞，一種是「放鬆」的舞。努力的舞，是給和取，能量外放；是「演出者」和「觀賞者」的關係。放鬆的舞，順勢流動，能量守中；是和音樂、樂隊、空間、觀眾互動對話與共舞的關係。

　　無論東西方，都有舞者跳著形神合一的舞，由內在力量帶動他們身體的舞蹈。從內而外的舞蹈，很有上古天真之感，「……在心為志，發言為詩，情動於中而形於言；言之不足故嗟嘆之，嗟嘆之不足故詠歌之；詠歌之不足，不知手之舞之足之蹈之也。」《詩經》

3-6 ✴
療癒之道靈魂拼圖

　　走上療癒之道，緣起多年前的情傷；為人世無常的生離與死別極度傷慟。那時候太執著、太在乎，身心碎裂的太誇張；除了身體內分泌系統嚴重失調，必須長期吃藥之外，有將近兩年的時間每兩個月必須抽血檢查一次。在很久以後看到憂鬱症量表，才知道根據其標準，當年我其實已經是重度憂鬱很長一段時間。而總是在瀕臨臨界點的生死拔河之際，被堪稱「奇蹟」的發生所挽回。

　　總之，當時身心失調亟需調整，想起研究所剛入學的時候有學姐建議我們學瑜珈，「好好練習的話，身體就會

停留在開始練習的年齡喔」，那麼對於調整失衡的內分泌系統一定有所幫助吧！再加上有同學已經秉持研究精神、跑了好幾個不同的地方去試上，特別推薦汀州公園旁「阿南達瑪迦·瑜珈靜坐協會」林崇銘老師的課程。她說這位老師的課程很紮實，可以滿足研究生「喜歡搞清楚為什麼要這麼做」的腦袋。

當時坊間瑜珈課大約每堂四十分鐘到五十分鐘。林崇銘老師當時的基礎班，每堂課卻有一百五十分鐘：暖身三十分鐘，瑜珈體位法一小時，瑜珈生理學、心理學、飲食觀、靈性科學等等再一小時。

學習一段時間之後，因為老師的身教讓我感動與好奇，便登記學靜坐，在「阿南達瑪迦」接受靈性啟蒙、參加團體靜坐與靈性頌舞。也是在這段期間求知若渴、大量吸收

瑜珈密宗的哲學與科學；當時寫報告經常跑國家圖書館查資料，也連帶把當時能找到的瑜珈書籍都翻遍。

　　有句話說「新手的好運氣」，在靈性鍛鍊的路上也會說「初學者的精進」：一種在剛開始學習的時候特別專注練習的狀態。靈性啟蒙、學習個人靜坐後不久，大概是我這輩子第一次經歷急性腸胃炎，一進食就上吐下瀉，不吃反而是舒服的，於是自然而然斷食三天；斷食後嘗試只吃瑜珈所謂的悅性飲食—悅性能量的食物。後來再吃非悅性的食物，從身心的反應就能明白為何食物的能量很重要，因為對身心、情緒、思維都有顯著的影響，長期累積下來，甚至一個人的性格也是和飲食有所關聯。只是一般人怎會想到，那清晨的噩夢、一整天的擔憂沮喪或煩躁易怒導致凡事不順遂......，和昨天晚餐的一碗香菇肉燥飯會有什麼關聯呢？

　　還有一次深夜發燒，半夜高燒醒來，乾脆靜坐。沒想到靜坐的時候燒就退、躺下來睡覺又回到發燒狀態；再起來靜坐、燒又退；躺下想睡，又再燒；反覆數次，當下覺得啼笑皆非。也因此體會到：深入靜心的身心狀態，的確有別於日常。……諸如此類，在初學瑜珈和靜坐期間所發生的事，讓我有機會驗證所學；這就是我的「新手好運氣」—因為親身經歷而了解所學真實不虛，讓我得以保持初學者的精進很長一段時間。

　　當生活或生命失去平衡，透過規律的身體鍛鍊重新恢復平衡經常有很好的效果。畢竟身心是一體的。

　　《當和尚遇到鑽石》作者建議，無論要學習任何事物，盡可能找到那個領域的大師，跟隨大師學習。因為學習不是只學習外在技巧，更重要的是老師內在品質的濡染。這個觀念影響我至深。師生之間有特殊的緣分存在；並非去

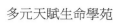
選擇擁有特殊頭銜或光環的老師，而是盡可能觀察老師的觀念、話語、行動是否一致，是否與自己契合；向自己尊敬的對象學習，才能保持良好的學習心態、虛心受教、獲益良多。

3-7 薩滿藥輪整合所學

　　天地萬物是一個大家庭，人類只是其中一個「族群」；另外還有動物族群、植物族群、礦物族群、乃至於其他不同存在形式的族群。

　　可惜人類感官的頻率範圍很窄，如果缺乏覺知和鍛鍊，可感知的範圍就更為狹隘。而如果願意用心觀看、用心聆聽、用心品味、用心感受、溫柔觸碰，或將窺見不同的生命之美。

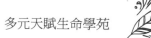

根據薩滿哲學，每個人都能和天地萬物對話，但首先他要能和自己對話；然後能和他人對話；接著能和動物對話；之後能和植物對話；然後能和石頭對話......。類似「親親而仁民、仁民而愛物」這般「推己及人」的次第，循序漸進的，首先了解自己、然後能了解他人；從和自己最接近的族群開始，逐漸擴及其他族群。

回首過往的學習時光，彷彿螺旋拼圖，架構起自己與世界的關係。透過各種方式探索自己、探索世界、認識動植物、接觸礦物、觀看天地星辰與歷史......，過程中也不斷反覆確認自己存在世間的「定位」。

薩滿教導當中，我很喜歡「藥輪」—「醫藥之輪」。藥輪的原意是法輪、道輪。因為在英文當中沒有對應「道、法性」的詞彙，北美夏安族長老颶風祖父在撰寫《七支箭》的時候因此發想了「醫藥之輪、藥輪」這個詞彙來表達。

在我學習的藥輪傳承當中，宇宙、天、地、人的智慧，非常生活化的傳承下來，其中包含了各種面向的生活藝術和技能。

藥輪也像奇幻小說描述的法器「黃金羅盤」，讓我們看見自己知、情、意、行的內在「位移」、以及身心意識在時空中的「位移」。在藥輪中，我看見生命的迴旋，看見靈魂的拼圖，看到過去、現在、未來的每一個片刻相互交織著所有其他的每一個片刻；過去、現在、未來的每一個存在相互交織著所有其他的每一個存在。在每一個片段中看見整體，在整體中看見每一個片段。如是知、如是見、如是圓滿。

我喜歡每周進行和諧儀式，點起燭火，擺好藥輪石，在月光下呼喚四方的風。撩撥琴弦，唱幾首 Kiirtan；微笑細數上周的小小幸福；釋懷一些貪嗔癡。和諧儀式，成

了每星期對自己說故事的時間，祈禱時間。儀式結束，總
要對四方的風、大地母親、天空父親獻上飛吻——伴隨著
輕盈的哨聲——這是從飛翔的青山·Apuchin 學到的，我最
喜歡的一部份……。

對世界，獻上我的愛。

3-8 綠色療癒生命美學

　　和植物密切相處至少一年之後，才開始慢慢懂得「修剪」和「養土」的智慧。覺得自己就像幼稚園小朋友，正在向許多古老王國的長輩們學習關於地、水、火、風、空……各種元素的組成，礦物、植物、動物，共同交織的生命樂章。

　　記得很久很久以前的學生時代，曾經做過一個雨林幻遊的夢：夢中我還是七八歲的小女孩，和另一個年紀相仿的女孩一起，跟著一位斑駁白髮的長者在林中學習認識植

物。腳下無路，我們撥開植物前進。那是林木蓊鬱的雨林，我驚奇地看著造型奇特的葉片，寬寬大大的葉片上有不規則孔洞，令人印象深刻。夢醒後我一直記得那一幕。

直到多年後某一天，見到某些來自熱帶雨林的植物──龜背芋，寬大的葉片造型美妙，葉片上有孔洞，一如當年夢中所見。是耶？非耶？是我夢雨林，還是雨林夢我？

近一兩年和植物共同創作的過程中，深刻感到植物可以協助強化我們生命與心靈的連結。而如果願意誠心向自然學習，更能體會生命智慧的浩瀚美麗。

好友問我，在組合植物能量生態球的同時，我要如何做到「尊重植物意願」？我的心得是：因為人和植物「交流」的過程，從一開始規劃設計、到組合完成，和後續持續照顧、觀察、修剪……是不間斷的過程。「溝通」之前先

花時間去「認識/了解」對方，可以在溝通時更快建立共識。

這是在許多年前上 Rosina 老師的動物溝通課之後，我花了一段時間思考和觀察所產生的認知。「在溝通之前，應該優先了解物種的特質與天性，以避免不合理的討價還價」。就像教育要做到因材施教，就要願意先誠懇觀察每個人的特質。

「溝通」的過程，「言語」只占極少部分。況且有些對話和認知，短時間內無法完成，需要相處和機緣。所以在組盆之前我會先花在認識、了解植物的時間很長，至今仍在持續學習。另一方面，心靈彼此「溝通/交流」的速度和深度，也會因為某些練習和互動而自然增長。

《一生至少當一次傻瓜》、《那些蘋果教我的事》——作者木村爺爺對自然農法的態度不是「放任」，而是人在其中扮演協助維護平衡的腳色；這是他長時間以謙卑之心向大自然觀察學習的心得，而這也和薩滿的教導相似。

「尊重」有很多面向。無論對人、事、物......，畢竟人僅能留意到自己能力所及的部分，所以也無法周全；只能看目前的慈悲和智慧到哪裡、體會到哪裡，盡力而為。

植物生態球的創作與分享，是很喜悅的事，每個作品的創作，過程中都支持到臺灣多家園藝苗圃、特殊專業植物栽培者、玻璃工藝廠商、園藝材料廠商、禮品擺飾設計師、零售材料的店家......。當然更支持了擺放空間往來的每個人，每天呼吸多一點氧氣、環境更明亮美麗、身心與之共振恢復自然平衡活力。

　　預期會有越來越多融合花藝和園藝的創作，讓植物充滿生命力的美好更輕鬆融入日常生活。也希望持續學習更多、推廣更多、分享更多！

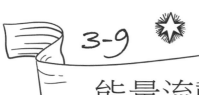

3-9

能量流動畫作個展

　　一般情況下，畫展的作品會有簡介。然而第一批展出的作品，我遲遲不想放簡介。WHY?曾經給一位年輕的氣功老師看我藥輪石的照片。他指出其中一顆說：「這個能量很沉重。」我嚇了一跳，因為他說的沒錯，那顆石頭的構圖是十分輕盈討喜的，但背後的能量卻是十分沉重的一段生命歷程。一般人只會看到構圖的輕盈討喜，他卻看到了背後的能量。被他一眼看穿的瞬間，我明白所有薩滿老師說的：在可以觀看能量的人眼中，能量非常具體，難以隱藏。他們會看穿表象，直指核心。

不立文字，避免暗示，讓觀者如是見。於是第一次的畫展，我就不放簡介了。

最初決定策展的場地是一間老屋子，磚牆木樑，腦海中浮現的意象盡是古典的女人身影。後來因老屋子偏僻，決定換場地，腦海中的主題轉了幾轉。究竟要選擇能量畫？抽象？具象？主題？創作過程中，許多始料未及的因素，紛紛插播到我的畫裡。

因為一向用的是線條，甚至無色彩。所以使用不同的媒材對自己來說是陌生而難以掌控的。彷彿與未知對奕，有種起手無回亦無悔的壓力。保持流動，持續感受這過程。

初始的能量流動一氣呵成，夾帶著奔騰的鼓聲。後續的創作卻進入了某種回溯，走走停停，生命的回憶走馬燈般的跑了一遍遍。因為陸續產出的作品風格迴異，展期有

兩個月，便決定分批展出。「少即是多」的安排，希望前來觀展的朋友可以在充裕的內外在空間，簡單的與畫相遇，與畫中流動的故事相遇。

初次的畫展空間是在餐點飲料都美味的「旅沐」人文咖啡館，從信義安和捷運站出來步行一分鐘就到達。觀者可以獨自前來，點一杯咖啡，把色香味的時光留給自己。也可以呼朋引伴前來，看看畫，聊聊天，品嚐餐點飲品，甚至華燈初上之後再去逛逛旁邊的通化夜市。

感謝藝術創作在我的生命中始終是強大的支持力量。感恩《當和尚遇到鑽石》金剛智慧、種子法則讀書會的許多夥伴，鼓勵我、支持我，能夠堅持踏出第一步舉辦個展。感恩「旅沐咖啡」通安店的美好空間，讓我的畫得以和更多人相遇。

宇宙送給我這麼多愛的鼓勵，我也期許自己—持續獻花給世界。

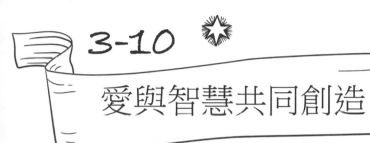

3-10 ✷

愛與智慧共同創造

「靈氣雅集」源於幾位志同道合的朋友決定一起分享熱愛的事物，發起的空間在北投山邊一個小客廳，因為北投的環境匯聚自然與人文，天時、地利、人和都俱足，所以稱為「靈氣雅集」，取其鍾靈毓秀、靈氣所鍾的美好。

當時以公益、隨喜的活動為主，陸續舉辦過公益芳療按摩、種子法則讀書會、五行水晶芳療教學、馬雅曆分享會、靈氣聚會、家族排列工作坊、薩滿藥輪祈福、水晶寶石療癒入門、山林靈性音樂會、林有輝財務藥師的財務改造課程......等等。

　　從活動企劃、文宣、公告、行政、場地布置和維護......
都是親力親為。然而缺乏財務平衡的概念，一廂情願的付
出並非長久之計，在一年密集舉辦活動之後，不得不將腳
步緩了下來，逐漸減少活動場次、並將讀書會改在市區的
咖啡館等營業場所，以簡化活動前後居家空間清潔、布置、
還原的勞力和時間。也因為累積這樣的經驗，加上林有輝
教練「財務改造」課程的洗禮，後來再接觸「社企流」和
「商業模式」的資訊就會特別留意。特別是有一本書提到，
無論公益事業或社會企業，一定要有完善的商業模式才能
走得長遠。何況又沒有募資和捐款，靠自我燃燒縱能燒多
久，格局也有限。

　　推動台灣原生態芳療、台灣食農教育、也是《老鷹想
飛》幕後推手的吳秀娟老師當初也在「靈氣雅集」舉辦過
台灣原生態芳療師培訓說明會。那時候夥伴佩樺忍不住問

秀娟老師，為何會選擇小小的靈氣雅集呢？秀娟老師說：

「因為妳們幾乎什麼資源都沒有，卻願意付諸行動。」

長年擔任企業顧問的秀娟老師，認識那麼多各行各業的企業家，看到我們白手草創的努力與天真，給予我們許多鼓勵。而她長年致力守護台灣土地原生態與文化，傾其所有投注生命，只為喚醒、串連各行各業以永續方式照顧土地、讓自然環境和人類得以共存，她的身教感動許多人一起身體力行。我們非常珍惜她的鼓勵。

就這樣從 2015 年一群朋友在北投「靈氣雅集」靈性文藝沙龍的各種聚會開始，後來又陸續有錦州街「愛滿溢·經絡芳療工作室」、永寧「Joyti 瑜伽空間」的共同創造，從調油漆、粉刷牆壁、舖地板、鑽牆壁、組合傢俱……空間的規劃整理，到後續的活動分享和課程服務等等，我們完成了許多共同的創造！

生命如流水一路向前，沒有誰會永遠駐留人間；但生命會留下故事，愛與智慧在生命遞嬗中彼此交織、傳承。

在這裡相遇的好友各有所長，都是潛心學習、練習、研習、深入體會多年而來。修正和調整方向後，我們依然持續舉辦各種活動、課程、講座、服務，或公益、或團體、或個別；歡迎有緣的朋友一起來切磋、交流，參與課程活動、或是共同合作。

比博學多聞更重要的是把所學付諸行動。你應該在生活中實踐所有的教導。

It is a bigger thing to put one lesson into action than to hear many. You should put into action every lesson in your life.

—雪莉 雪莉 阿南達慕提吉—

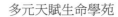

PART-4

動物溝通師 Iris

邀請您與作者群建立更密切的關係

4-1

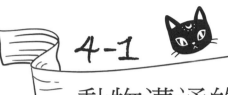

動物溝通的童年夢想

　　2014 那一年，帶著緊張興奮的心情第一次做了動物溝通，那天的最後哭得淅瀝嘩啦，因為終於和離開十年的狗狗說上話了；在心上放了許久的自責和愧疚，那一天通通得到了釋放……。心情平復後我告訴溝通師：我也想學動物溝通！

　　「妳一定可以學得很好的！」她溫柔地告訴我。

　　就這樣，踏上了動物溝通這條路……。
　　然後換我讓別人哭得淅瀝嘩啦的……。

天賦這件事，總能在小時候就看出一些端倪。從小我就非常喜歡動物，家裡養過的動物，舉凡小狗、小貓、小兔子、小雞、小鴨、小鳥、小烏龜、小倉鼠、小魚兒等，都曾是家裡的成員之一。其他種類像是小學自然課讓大家養的蠶寶寶、學校福利社販賣的寄居蟹等，也都曾占據過我的書桌一隅！和動物生活在一起對我來說就像呼吸一般自然。

小時候最喜歡看卡通《哆啦A夢》，除了每次都要和弟弟妹妹們一起數落各角色有多糟糕以外(笑)，裡面無奇不有的道具是我的最愛，充分滿足我無限的想像力！其中最令我印象最深刻的大概就是「翻譯蒟蒻」和「動物語耳機」了，透過道具就能聽懂動物說的話，這對於天天和動物生活在一起的我簡直再驚奇不過！從此，心裡總時不時地想起：啊……要是能知道動物在想些什麼該有多好！

沒想到，這個埋藏在心底多年，以為永遠不會實現的願望，居然在 2014 年底成真了！

說到這裡，也許有很多人和我當初一樣，覺得能跟動物溝通應該都是要有特殊「通靈」能力的人才做得到吧？那……我是突然遭逢什麼劇變才擁有這項能力嗎？(笑)其實不然；動物溝通，更精準地來說是「與動物心傳心」，這個透過直覺傳遞訊息的能力，其實人人都有，潛藏在你我的身體裡，只是，隨著人們社會化，不斷地被要求運用文字、話語來表達自己，這項直覺傳遞訊息的能力也就慢慢沉睡了。

因此，實際上只要能找到一位老師來協助你重新喚醒、練習這項能力即可。而我就是有幸在 2014 那一年遇見了 Rosina 老師，就此開展動物傳心之旅！

破除框架解除制約

　　究竟如何學會和動物溝通呢？在正式進入課程前的那段日子，腦袋裡總有著各式各樣的疑惑，甚至會想：像我這麼理性、講求邏輯的一個人，該不會......學不會吧？(各式擔憂 XD)然而，仔細看看課程大綱就會發現：哇！完成初、中、高階的課程居然只需要五天的時間！(驚奇)

甚至，進入課程後的第一天晚上回家前，老師就要同學們兩兩一組，開始嘗試練習和同學家的寵物進行溝通。我依然記得當時老師這麼說完以後，班上同學們個個面面相覷、懷疑自我的表情。(笑)

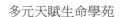

　　學習動物溝通最大的前提，首先是打破內心固有框架、排除內在障礙，排除「我無法和動物溝通」這一直以來我們深信不疑的信念，因此在課程中有很多時間重點在於解除舊有信念的制約，建立和動物溝通的自信心。突破這層限制後，實際溝通的技巧面向則相對簡單許多。

　　動物溝通一般是透過接收動物傳遞的視覺(畫面)、聽覺(聲音)、感覺(情緒感受)，這三方面來進行，又或者是接收嗅覺和味覺訊息的方式。每個人擅長的項目都不同，在練習期間，我們要記錄下每次接收到的訊息模式，整理之後就可以得知自己擅長哪種接收模式。我個人較擅長的是感覺和畫面的部分。

　　如同學習一門新的外語，動物溝通需要透過大量地練習來掌握接收訊息的精準度，有趣的是，本來當初只是想知道自家毛孩在想些什麼，但因為和他們實在太熟了，總

忍不住懷疑自己腦袋裡出現的畫面是否只是自己的想像？因此，老師要我們盡量多找一些朋友家的寵物來進行練習，藉由一問一答來證實到底是不是自己的想像(笑)，而那段時間也是我最熟知朋友家寵物大小事的一段時光！

動物溝通實際流程是如何進行的呢？進行「動物溝通」一般來說分為「現場」及「遠距」溝通兩種方式。其中，透過照片的遠距溝通是最容易的，只需要照顧者提供近期內拍攝(我個人偏好一周內)、能清楚看見雙眼及全身的照片，並提供動物的名字、性別、約略年齡即可，事先告訴動物要聊天的事情後，動物可以待在自己最熟悉的環境裡，免於在新環境時可能遇到的各種干擾或不安(其實溝通師也怕被干擾)，在放鬆的狀態下最有利於溝通的進行，因此也是較多溝通師會採用的方式。(免出門、免打扮、免交通費、不用趕時間，好處多多 XD)

至於為什麼用照片就可以進行呢？我們都說眼睛是"靈魂之窗"，透過每個人獨有的眼睛神韻，我們就可以認出這個人(這也是為什麼照片中要保護某人時，黑線都是畫在眼睛上)。和動物連結時，搭配確認其身分資訊及向照顧者描述動物的個性特質、家中空間擺設等，就能知道是否真正和這隻動物連結上。(當然偶爾也會有連結不順的時候，而多數原因是因為照顧者忘記告訴寵物要跟溝通師聊天的事。)

溝通進行時需要照顧者帶著一顆開放且信任的心，如此才能進行一場愉悅的談話。藉這個機會也特別提醒，動物溝通並非萬能，動物們若有身體上的狀況請務必先尋求專業獸醫的協助喔！(不然問動物他們也只能告訴你我這裡癢那裡痛而已。)

......約莫經過五十個案例練習後，感覺自己與動物溝

通的能力來到了一定程度，也因此開始思考，是否有機會
朝從業溝通師的方向前進。

　　在這段練習期間，我發現：和動物溝通並不難，難的
是要如何良好傳達動物的處境，使主人願意調整和動物相
處的方式及一些觀念等。因此身為溝通師最好能具備良好
的溝通能力。而過去曾擔任「天賦諮詢師」的經驗值，也
就在此派上了用場。

4-3 天賦諮詢助人的喜悅

　　依稀記得，大學剛畢業的那幾年是我內心最不安定的時候。雖然畢業於日文系，擁有一定程度的日語能力，但實際要將日文運用於職場工作上還是與所想相距甚遠。

　　一段時間後，也發現自己並不那麼喜歡整天坐辦公室裡的工作，於是離開了公司，開始了探尋新工作之旅─尋找不用坐辦公室的工作(笑)。當時對於其他類型的工作所知甚少，只知道業務是不用一直坐辦公室的，此後，我多了好幾種不同的職稱：美妝保養電銷人員、保險經紀人、組織行銷經營者等等。想當然爾，我在這些領域並沒有獲得成功，也因此才會有現在的動物溝通師 IRIS(笑)。在這

段經歷當中，雖沒有締造出什麼厲害的成果，卻是我廣泛接觸各類行業人群的一段重要時間。會接觸「天賦諮詢」就是在這個階段。

大家可以想像，在嘗試各種業務工作後，總是與懲罰有份、獎勵無緣，內心傷痕累累的一位少女，會呈現什麼樣的狀態？此時，一位朋友與我分享她們公司的天賦評量，推薦我做一份專屬評量來了解自己，這是我首次認識天賦諮詢。

因為這份評量，我開始有機會透過系統方式更加了解自己、了解他人。最直接的幫助就是，部分改善了和家人之間的關係，自我價值感也有了些提升。從前無法理解他人，也認為他人不懂自己的部分，因相互了解而能開始將心比心，多了份包容；工作才能方面，若將自己比做一部機器，也因此能更了解我這部機器適合的運作模式。在生

活中有了這些進展以後,心想:應該有很多人和自己一樣正在遭遇這樣的困境吧?便進而加入公司的培訓,成為「天賦諮詢師」。

在運用這套系統協助他人的七年間,有幸接觸許多不同問題的個案,每一位個案的故事都帶給自己不小的啟發,聽著他們的心路歷程,感受他們的內心狀態,再加上過去從事業務期間,上過的大大小小心理相關課程,讓這個以往只對動物有感的我,對於人們的內心狀態如何運作有了更深的認識,同時,也發現自己對於這樣能幫助人的工作角色,相當樂在其中。

記得一次特別南下到台中進行諮詢,諮詢完後由於時間已晚,客戶便招待我吃晚餐,就連回臺北的高鐵票也直接幫我訂好了(感動)!回到家後還收到客戶開心回饋說透過今天的諮詢,久違地和另一半再次討論起關於未來的生

活，感覺充滿了希望，非常感謝我！我告訴她：妳更要感
謝自己當時願意做出這樣的決定！跨出認識自己的第一
步不簡單，但有跨有機會，哪怕僅僅一小步都是大大的進
步！值得喝采！

每一次的諮詢來到尾聲，我都能看見客戶臉上的變化。
「靈魂有沒有發光，真的看眼睛就知道！」

在這樣的工作過程中，不只幫助了別人，也讓我更加
了解自己。我發現自己喜歡運用工具解決問題，也喜歡幫
助他人獲得解決問題的能力！透過比喻與充滿邏輯的說
明方式將新工具介紹給他人，在一問一答、一來一往的互
動當中，看見人們明白我所介紹的工具，進而將這項工具
用來幫助自己，那時他們語調提升、全身散發出的光芒與
希望，總讓我內心感到特別的喜悅、特別有成就感！這也
讓我確信，比起過去「業務」這項職業角色，我更適合的

是當一位「諮詢師」！

　　由於這段天賦諮詢師的經歷，讓後來的我在進行動物溝通諮詢時，與照顧者之間的對話就變得流暢許多。

4-4

克服障礙並深化專業

　　成為專業動物溝通師已邁入第六個年頭，一切過程都是那麼順利的嗎？當然不是！(笑)還記得剛開始要向別人介紹自己是動物溝通師時，內心總是緊張害羞到不行，因為總覺得在「動物溝通」這個領域還有許多經驗豐富的前輩們，自己只是一個超級小小小咖而已。身邊的一些朋友在體驗過動物溝通之後都會很熱心地幫我介紹朋友，我非常感謝他們，但隨之而來的就是腦袋裡的一堆自我懷疑：我真的可以嗎？這些人憑什麼要相信我？還要付錢給我？我如果做得不好該怎麼辦？不只砸了自己的招牌，對朋友也很不好意思......。

　　哪怕是現在，這些腦袋裡的小聲音偶而還是會跑出來，只是，我已經把自己訓練得能夠將這些聲音暫時放一旁，好好專注在當下做我該做的事情而已。能夠有目前小小的成果，真的要感謝身邊許多家人朋友的支持與鼓勵，尤其是財務改造教練─有輝教練，他幫助我做了許多看似很小、但對我來說其實是很大的突破！不管是早期要我更改 Line 上面的顯示名稱，或是創立粉絲專頁等，這些事都是在他提出以後，我足足思考了幾個月才敢下定決心做的事！(到底是有多可怕 XD)。我永遠記得當時自己是一手摀著臉一手慢慢完成這些動作的，做完以後還要不斷安撫自己要自己冷靜下來......(就是一個很怕成為他人注目焦點的人 XD)，包含現在寫書的當下內心依然澎湃不已！(但現在我進步了，是用兩手打字的！XD)

　　各位現在能閱讀這本書也是托教練的福！除此之外，為了協助我發展這項天賦，他也總是熱心地幫我介紹朋

友，只要發現身邊有人有需求但對動物溝通還有些疑慮時，他甚至願意出錢讓這些朋友有機會來體驗我的服務。雖然早期他會在路邊看到動物協尋的傳單時就立馬打電話給我，興奮地問我是不是可以聯絡飼主請他們來找我？(有接觸動物溝通的人都知道協尋可不是一件容易的事 XD)。但，他就是這樣一位熱心的人，真的非常感謝他！

經過幾年的動物溝通實戰經驗累積後，從要求自己「接收訊息的精準度」到「深入發現真正的問題點」；溝通對象由動物轉向照顧者，一路以來著實發現動物溝通絕對不只是單純翻譯動物的話語而已，必須要如同偵探一般看見問題的核心點才能真正幫助照顧者解決和動物之間的各項問題。

4-5 寵物反映家人狀態

　　語言是一項工具，能聽懂對方的話以後，才有機會進一步滿足對方的需求。這幾年下來累積的案例問題，不外乎可歸納為身、心兩個層面。通常身體層面的問題我會要求照顧者帶動物到醫院先進行檢查，畢竟獸醫才是這方面的專家；心理層面則以情緒上的問題居多，而這部分就可以和照顧者多些談話。

　　「咦？動物能有什麼情緒問題啊？不是每天都吃飽喝足睡爽爽的嗎？我還希望我可以跟他們一樣呢！」有些人或許會提出這樣的疑問。

的確，在一般的情況下，當動物能滿足各項基本的生存需求時，他們的情緒狀態普遍都是相當平穩放鬆的。然而，問題就出在：動物現在跟人類生活在一起啊！他們的生活受到我們諸多影響。

　　「環境」是其中一項影響因素。曾經有位照顧者請我和他家的貓溝通，原因是貓咪總是無精打采的，看醫生檢查後也沒什麼特別問題，想知道貓咪到底怎麼了？和貓咪聊聊後，他提到家裡總是黑黑的，一問之下才明白原來照顧者近期要搬家，在新家尚未裝潢好之前，他和貓咪就暫時先住在家中店面的小倉庫裡，由於店面屬於營業用電，費用較高，為了省錢，平時能不開燈就不開燈。照顧者平常多在外上班上課，晚上回到家後也大多和家人一起聚在有開燈的空間，直到晚上要睡覺時才回到小倉庫，而平時因為怕貓咪會跑出店裡，照顧者一直都是讓貓咪待在小倉庫裡，這裡白天陽光能透進來的也不多，房間也沒有使用

小燈之類的，因此貓咪才會總感覺家裡暗暗的。

　　大家可以思考一下，若自己經常待在一個不見天日的地方，整天足不出戶長達一年左右的時間，精神狀態會如何呢？肯定是不太好的。(光是寫書的此時，由於肺炎疫情的關係，這幾個月大家不太能出門趴趴走就已經叫苦連天啦)。不過其實照顧者也並非故意要這麼做，當時以為只會在小倉庫裡短暫待上一小段時間，殊不知新家裝潢遇到問題，導致拖了整整一年的時間才完成，這是誰也沒想到的。所幸，後來搬進新家後問題就解決了！

　　除了環境因素以外，在剛剛的案例當中，貓咪也提到，因為一天裡能見到照顧者的時間都是晚上已經要睡覺了，人貓互動較少，所以貓咪也總覺得心情不好(多數人都認為貓咪是很獨立的，但其實他們很需要陪伴)。當時，照顧者白天面臨課業上的極大壓力，晚上還得上班，身心俱

疲的情況下，自然無法更多地關注到貓咪的狀態，而這樣的低能量狀態也會影響動物的身心。

4-6 自我覺察調癒能量

「毛孩狀態不好，是因為跟我有關？！」許多照顧者們經常提出這樣的疑問，這點其實從能量的角度來看是相當容易理解的。

在這個世界上，所有的人、事、物都是由能量組成的，經常相處在一起的人，彼此之間的能量會互相影響，比如每天一起生活的家人，若能經常鼓勵、互相支持，就會形成良性循環，使我們散發出正向的能量。反之，若總是相處不愉快，每天都得見到令人不悅的臉龐，我們也會大大地受影響，而動物也是一樣的！

「難怪家人吵架的時候，貓咪或狗狗都會跑去躲起來！」

在霍金斯博士所提出的「心靈能量等級地圖」(Map Of Consciousness)中提到，振動頻率在 200 以上的能量是正面的，而動物在一般情況下大約是處在等級 500 左右，表示「無條件的愛」，這也是為什麼動物總能帶給我們療癒的感覺。

可是現今大多數的人，能量等級多處在 200 以下(200 代表「勇氣」)，當動物們長久受到我們的影響後，他們的能量等級也會跟著下降，情緒度就顯得低落。尤其在動物們所承受的能量，超越他們小小身軀所能承擔的範圍時，身體就會透過各種不同的狀況、甚至是疾病型態來表現。

　　每一位照顧者在生活中難免會遇到壓力較大的時期，若當事人無法找到適當的排解方法，不知不覺就會將這樣的能量帶給家中的動物。

　　「可是，我就算很累、心情不好，也沒有兇他們或打罵他們呀？」

　　我們再來想像一下：每天生活在一起的伴侶，雖然對方沒有對自己暴力相向，但總是呈現極度疲累的狀態，想聊聊天對方說沒有力氣，想出去走走也總是因為疲憊而賴在床上，天天和這樣的人生活在一起，心情能不鬱悶嗎？尤其，這個人對你來說還代表了全世界！？

　　是的，這就是許多動物們的心情，而動物對於能量的感受又更加敏銳，可以想像長期下來會是多麼地煎熬！

『媽咪經常不在家，我一個人好無聊哦，可以多陪陪我嗎？』

『爸比總是看起來很累的樣子，我努力想逗他開心，可是好像沒用？』

『我好久沒出去散步跑跑了，可以帶我出去玩嗎？我想念很大很大的草地！』

近幾年因為大環境的因素，人們普遍感到緊繃、壓力大......，因此溝通時我經常收到動物們傳遞這樣的訊息。動物們懇切表達的都是希望能進行更多愛的交流，而非把他們當成物品一般擺在家裡，每天承接我們的負向能量。因此，我經常告訴照顧者們，若希望動物們的狀態改善，除了生病時需透過醫療手段協助外，照顧者本身的狀態才是最主要的源頭，得要一起調整才行！

如何調整呢？「自我覺察」就是最好的開始！

在每個當下都帶著覺知去進行每一件事，有意識地觀察自己，面對來到眼前的每個挑戰，問問自己會做出什麼樣的選擇？為什麼會是這樣的選擇？是自己真正想要的？還是出於家人、社會的要求而做？是開心而主動的？還是委屈、迫不得已的？經常練習，慢慢地就會發現自己居然有些(莫名)奇妙的固定模式，而發現這些模式，也就有機會進行突破，走出一條新的路來！

不過……老實說這並不是一門簡單的功課，若沒有多年的練習，遇事的時候我們大多會採取和過往一樣的方式來處理(而且是不自覺地)，也因此短時間內想要有所改變似乎就顯得不容易(無法解決燃眉之急)。所以在這樣的情況下，我會建議照顧者們讓動物試試靈氣療癒。

4-7

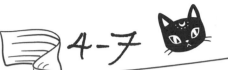

寵物臼井靈氣療癒

靈氣是一種生命能量，來自宇宙，存在於天地之間。最早發現這股能量的臼井先生曾說：「靈氣所傳送的是一種平和與寧靜。」透過雙手傳遞這份平靜，可以使被療癒者放鬆，進而啟動自身原本就有的自癒能力，恢復身心健康。

會接觸靈氣也是因為有輝教練在一次講座上介紹了永欽老師，在聽了關於靈氣的介紹後我一直很想體驗看看。那時適逢情感上的低潮，便主動和永欽老師聯繫，那是我第一次體驗遠距靈氣療癒。猶記得當時本來是希望透過靈氣的幫助來改善與交往對象之間的相處，殊不知透過靈氣

療癒之後才讓我覺察：原來這並不是一段適合我的感情！經過連續三周、一周一次的療癒後，我決定向對方提出分手。雖然提出的當下心裡還是很痛，但現在回過頭來看，真的覺得是最好的選擇！(當然，也請大家不要害怕，並非做了靈氣就會和另一半分手 XD)

靈氣運用的範圍很廣，在身心層面都有很大的幫助。比如在術前接受靈氣，可以幫助患者平靜、放鬆，讓手術順利完成。術後則能幫助減緩疼痛，使身體更快恢復。除了人以外，動物、植物或是我們生活中的一切都是我們可以透過靈氣傳遞平靜能量的對象。這世上所有的一切都是由能量構成的，經常相處的人會感受到我們的能量，經常使用的物品也會帶有我們的能量頻率，這些物品甚至可以說是我們能量的延伸！這也是為什麼以前小孩子需要收驚時，廟方會要家長帶一件孩子常穿的衣物到廟裡去，這其實是相當科學的！

在體驗過靈氣帶來的幫助後，我想起在動物溝通中經常會遇到動物狀態不佳，看醫生也找不出原因，使得照顧者相當頭痛的眾多案例，這些動物個案如前所述，通常是因為受到照顧者近期狀態不佳所影響，但短時間內照顧者本身要進行調整也不太容易(家家有本難念的經)，便想到透過靈氣應該可以幫上忙，於是決定向永欽老師學習靈氣，接受點化。

　　在一段時間的練習運用後，的確收到照顧者們回饋說動物的狀態有了些改善，感覺心情變好、互動變佳了！我常會比喻：如同我們身體疲累會透過 SPA 按摩來放鬆一樣，靈氣就是動物們最棒的 SPA 療程，在舒緩、放鬆過後，情緒得到釋放，身心自然愉悅！我進一步發現，有些動物在溝通當中，不一定會願意告訴我很多事，一來是因為有的個性較為認生，覺得我們關係還沒有到點(笑)，二來是當身心長期處於緊繃狀態時，很多話想說卻說不出口或是

不知從何說起，這時靈氣帶來的幫助就很大。我曾遇過一開始溝通時感覺不到任何情緒的貓咪，原以為是貓咪很平靜，但總覺得哪裡怪怪的，後來嘗試透過靈氣交流後，才發現原來貓咪關於情緒表達的能量卡住了，進行完靈氣療癒後，照顧者回應說感覺貓咪的情緒變多了！一開始照顧者還有些擔心這樣的轉變，但其實這是很棒的，因為一開始貓咪是對外界沒有任何反應的，所以是相當大的進步，表示能量開始流通，不再卡住了！而進一步和照顧者聊聊，才得知照顧者本身也有類似的狀況。像這樣的案例不勝枚舉，因為靈氣而能感知到動物內心最深層的狀態，也藉此協助照顧者看見自身的盲點。

可以說：動物猶如一面鏡子，真實映照出照顧者們的現況！因此，除了是陪伴者，他們也是最好的導師，讓我們看見真實自我！

4-8 離別之痛引發追尋

「月有陰晴圓缺，人有悲歡離合。」

「天下無不散的宴席。」

古老的諺語總是在再地提醒我們生命的真實，然沒有真正經歷過，我們總覺得那離別尚離我遙遠......。

會踏入動物溝通的領域，最初就是因為愛犬的離世讓我一直無法釋懷，也因此，近幾年開始接到越來越多離世動物溝通個案時，特別能感同身受照顧者們的心情。

愛犬離開後的十年間是如何走過來的自己相當清楚！

這樣的悲傷絕非旁人三言兩語的安慰就能輕易放下，裡頭有太多太多的不捨、自責、愧疚......。除了相伴九年的愛犬離世外，中間也經歷了外公、外婆的離世，雖與他們的情感不深，但看著這些曾經存在我生命中的人的逝去，著實讓我開始思考：生命究竟是怎麼一回事？為何前一秒尚有一絲氣息，下一秒呼喚後卻再也沒有任何回應？

這樣的疑惑不斷縈繞在腦海裡，每當夜深人靜、心情鬱悶時，記憶中令人難過的畫面就會在此時出現，揮之不去，有時，甚至覺得若忘記這一切，會是一種罪過......，在這樣周而復始的循環中，身體累了、淚水乾了，才不自覺睡去......。

28 歲那年，在工作上遭遇極大的瓶頸，人前好強的我居然在公司裡崩潰大哭了兩次，當時的同事兼好友見我如此樣貌，便邀請我到奉愛瑜伽一起學習。

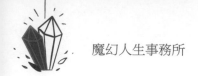

『瑜伽？是那個⋯⋯把手腳折來折去的運動嗎？』

　　其實，不只是個身體摺疊運動(笑)，瑜伽較為一般人所知的的確是體位法的部分，但實際上「Yoga」這個梵文詞所代表的含意是「連結」，連結內在真實自我及宇宙最初的源頭！瑜伽的內涵博大精深，人由出生到死亡，各階段當中會遇到的方方面面問題，在古老的瑜伽智慧典籍中都早已有了答案！

4-9 超越生死的生命智慧

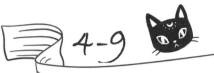

　　原來當時這位好友學習瑜伽已三、四個年頭，過去就是透過瑜伽知識典籍的學習，幫助她走過生命中的許多關卡，也因此見我內心正在受苦有如當年的她，才會決定幫助我一把。記得一開始心裡還有諸多懷疑，心想瑜伽究竟能怎樣幫助我？殊不知才上到第三堂課，那知識裡講述的生命真相令我驚為天人，當下最大的感受是：這麼重要的知識應該是身為人都必須了解的，可是學校裡沒有教，父母也不見得能告訴我們，難怪我們的人生路走得如此顛簸！

　　那年是我人生的轉捩點，奉愛瑜伽進入了我的生命，

讓我品嘗到了解生命真相後的甜美。隨著不斷地學習，過去像是在海上漂浮不定、總是徬徨不安想抓住浮木的內心，有如上了岸一般變得越加平穩、安定，進而開始感受到更多的快樂！自己安定了才能帶給他人安定的感覺，體現最多的就是在動物溝通的工作上，尤其是關於「離世溝通」的部分。

「內心平靜快樂的能量頻率有助於和動物們進行連結」。還記得嗎？動物的能量頻率多處在 500—無條件的愛，這是進行一般溝通時的基礎要件。然而進行「離世溝通」時，更需要面對的是照顧者深沉悲痛的狀態，過程中可能會和照顧者一起再次經歷動物離去的那個時刻；甚至，有時動物的離去方式特別令人感到痛心，此時若沒有強大的心理素質，恐怕很難順利完成這樣一個陪伴過程！

有了在瑜伽裡學習的關於靈魂與物質軀體的生命知識

後，不僅自身有足夠的力量支持這些照顧者們，更能進一步將這樣珍貴的知識也傳達給他們，在了解生命從何而來、將往何處去，以更全觀的角度來看待生死的變化後，照顧者們由本來在悲傷而又不知所措的迴圈下，開始知道自己可以為心愛的動物家人做些什麼，也明白動物家人雖然物質軀體已逝，但其靈魂與那份愛卻從來不曾消失的事實，重新給予自己力量，讓自己有能力走過這樣一段日子！

古老的瑜伽知識深具智慧，力量強大，既能提升自己、也能幫助我的客戶們，而能有今日這樣的成果，都要特別感謝當年這位好友的帶領，以及孜孜不倦教導著我的瑜伽導師—嘉娜娃老師，真的由衷地感謝她們！而我最大的回報，就是繼續把這樣珍貴的知識分享給更多正在經歷關卡的人們！

4-10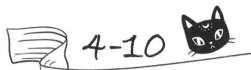

奉愛瑜伽梵唱冥想

在奉愛瑜伽的學習多采多姿，已然成了我生命中不可或缺的一部分。身邊經常有朋友會問：妳每周都去瑜伽中心究竟在學些什麼呢？感覺跟一般的瑜伽好像很不一樣？

奉愛瑜伽中心有如一所學院，每個人最基本的就是學習古老的瑜伽智慧典籍─《瑜伽經》、《博伽梵歌》、《聖典博伽瓦譚》，因為這是身為人都應該了解的生命真相。有了這些知識後，再向外延伸到生活層面，還有飲食、藝術、文化、美學、音樂、天文、自然療法等各種相關課程，依據每個人的興趣不同有著多元的發展，到目前為止學習的

五六年間，烹飪、梵唱冥想、樂器合奏、占星等都是我在這裡額外獲得的技能！其中我特別喜歡梵唱冥想 (Kirtan)。

冥想可以幫助人們平靜、專注、放鬆，而在經典裡則推薦運用聲音震盪來幫助我們冥想，這個聲音由梵文所組成，稱為 Mantra。在梵文裡 Man 的意思是「心」，Tra 的意思是「使……自由」，所以 Mantra 的意思就是「使心得到自由」，透過不斷地吟誦或吟唱 Mantra 就可以讓我們的心自由。一個人手持念珠念誦 Mantra 我們稱為「Japa」，而很多人聚在一起用唱的方式進行我們就稱為 Kirtan。在這個年代裡頭，由於人們的思緒紛飛，單單想要放空腦袋都莫名地困難，因此在經典裡特別推薦我們吟唱 Hare Krishna Mantra 來進行冥想，Mantra 的內容如下：

Hare Krishna　Hare Krishna

Krishna Kriahna　Hare Hare

Hare Rama　Hare Rama

Rama Rama　Hare Hare

　　這組 Mantra 發出的聲音震盪專門是和這個宇宙的快樂能量進行連結，因此只要我們不斷地發出這個聲音，漸漸地內心就會特別感到平靜快樂！

　　記得多年前第一次聽到這個 Mantra 時，當時還不知道這是梵文，也不懂其內容含意，但就是覺得很特別，跟著旋律一起唱了一會兒就覺得挺開心的，唱完之後那旋律還不斷地在腦海裡迴盪。我本身其實不太唱歌的，對於時下的流行音樂也不怎麼感興趣，但不知怎地就是很喜歡唱這個 Mantra，直到後來學習以後才了解原來這個 Mantra 能帶給人很大的能量淨化與提升，開心的時候唱 Mantra

使我更加開心，難過的時候唱也會感覺撫慰了心靈並得到力量，慢慢地，不論是清晨的獨自 Japa 或是在瑜伽中心的多人的 Kirtan，運用 Mantra 冥想的習慣就進入了我的生活及工作當中，現在已是不可或缺的心靈資糧！

由於多年來自己感受透過這樣的梵唱冥想改善了過去生活中經常焦慮不安的情況，情緒變得更加穩定，內心充滿能量，能更好地面對生命中的挑戰或是給予他人支持，幫助相當地大，因此也經常會把這簡單卻超棒的方法分享給我的朋友或客戶們。在瑜伽中心裡，我們也有一群志工因為體會到冥想梵唱帶來的幫助，因此也會定期協助舉辦實體或線上的 Kirtan 音樂會活動，希望透過這樣的方式讓更多人有機會認識瑜伽冥想梵唱，讓處在這個不平靜年代裡的我們內心都有機會獲得巨大的安定與快樂！

截至目前為止，我 35 歲的人生因為有動物溝通、靈氣

療癒及奉愛瑜伽而感到滿足與喜悅，也因如此才能和大家分享我的生命點滴。感謝各位的用心閱讀，但願我的文字能帶給大家一點點新的啟發，那將是我莫大的榮幸！雖然我不認識書本前的你，但我們的生命卻因此有了美妙的交集！最後要再次感謝我生命中的貴人：

　　開啟動物溝通的 Rosina Maria Arquati 老師

傳授臼井靈氣療癒的　林永欽老師

　　以瑜伽知識的火炬去除我生命中黑暗的　嘉娜娃老師

無限感恩，Hare Krishna！

PART-5

子宮療癒瑜珈教師

緂樺

邀請您與作者群建立更密切的關係

5-1

父母離異學會體諒

　　在我和弟弟還小的時候，爸爸媽媽就離婚了。那個年代的中南部，夫妻離婚的情況並不像現在這麼常見；很多夫妻在婚後、尤其有孩子之後，即使發現價值觀差異太大或各方面不契合，為了怕流言蜚語或外界的眼光譴責，可能會選擇維繫家庭完整的假象，在一個屋簷下度過數十年相敬如冰的日子。回想起來，我爸媽選擇離婚是一個勇敢的決定。他們認知到彼此對生活和未來有著不同的憧憬，而在這個差異之間找不到折衷的方式，如果勉強任何一方必須配合、妥協，都會讓對方感覺痛苦。人生還很長，與其彼此束縛而痛苦，那麼長痛不如短痛，就放手讓彼此去

過各自喜歡的日子吧。因為我和二弟的監護權給爸爸，所以我們跟著爸爸。直至高中與媽媽見面。

小孩總是愛爸爸也愛媽媽、希望爸爸媽媽都能陪伴在自己身邊。我知道很多離婚夫妻的孩子，對於父母離異這件事都很難釋懷，但或許當時小學的我已經比較懂事了，可以感受到父母雙方各自的難處，我不希望爸爸媽媽任何一方不快樂。還有一點就是排行老大、身為姐姐的小孩可能都被訓練得比較內斂，從小就被教導不能任性的只顧自己想要什麼，而要察言觀色學習了解別人的需要。

爸爸是計程車司機，生活簡單。印象中爸爸是個話不多的人，工作結束後回到家就是放鬆休息的時候。爸媽離婚後，我們跟媽媽直至高中才見面，但我對媽媽的印象還是很深刻的。媽媽個性獨立又能幹，堅強，和爸爸離婚後就自己開店做生意。

我從父母身上看到他們各自的特質，他們都是平凡善良的人，個性不同、特質不同這件事本身就沒有對錯。他們也不是故意結婚又離婚、不是故意要讓誰難過；結婚的時候也是希望好好相互扶持、攜手生活；離婚的時候也是希望祝福彼此、希望孩子在好的照顧下無憂無慮的長大......。我從父母身上看到的，某方面或許是人生的無奈，另一方面則是生命是可以有選擇、有彈性、有其他可能。而且生命中的很多事，無法用對錯來定義。

後來我在生命中也面臨類似的考驗。對於結束婚姻關係這件事，我很感激前夫對於我的照顧及疼愛；也希望兩個女兒有一天能理解父母的決定。而且無論父母是否在一起或分開，她們永遠是爸爸媽媽最愛的心肝寶貝，這點是不會變的。

5-2 奶奶教我保持簡單

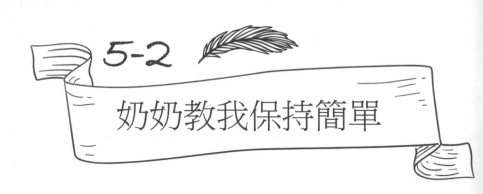

　　在父母離異之後，我們姊弟就和爸爸以及爺爺奶奶住在一起；由於爸爸通常忙於工作，回家主要是休息，所以我們姊弟應該是屬於隔代教養的情況。對我來說，奶奶是我童年時期最重要的人。

　　據說奶奶曾經是手藝非常好的裁縫師，有自己的裁縫工作室，經常接受達官貴人的委託縫製高尚典雅的訂製服裝。可惜和奶奶同住的當時奶奶已經退休了，無緣穿著奶奶親手縫製的衣裳。奶奶是很虔誠的佛教徒，每天都會固定認真誦經做早晚課；她對信仰既虔誠又堅定的態度影響

我很深。我對佛教的認識是從奶奶身上學習的，或許因為那時候畢竟是小孩子吧，可能對小孩講太艱深的理論也聽不懂，都是講得很簡單，用小孩子聽得懂的話說，不可以傷人害人、在自己能力範圍盡量幫助別人、對別人好別人也會對你好......，覺得奶奶很有智慧，她的教導雖然簡單，但是很有智慧，影響我很深。

　　當時如果遇到有什麼不開心或煩惱的事，奶奶就是我可以商量討論的對象。如果是和同學之間發生了什麼不開心的事，奶奶都會跟我說盡量不要和別人計較，能夠盡量寬容大方就讓自己寬容大方；還有做人要厚道，要善良、要慈悲。另外還有就是保持簡單吧！奶奶希望我們保持一種簡單的態度去面對生活。不管世界怎麼變化或別人怎麼樣，我們自己保持簡單不複雜，這樣就不會煩惱太多想太多。盡好自己的本分就對了，不要想一些複雜的事去跟別人計較或跟世界計較。可能因為這樣，我對人對事的態度

一直都是盡量讓事情保持單純，跟別人有任何往來的時候也是一樣，喜歡簡單、單純、不複雜，彼此可以互相信任、坦率自然的互動方式。如果遇到別人跟我計較，我就像奶奶說的那樣，在能夠寬容大方的範圍盡量寬容大方；如果真的不合拍，就不要勉強來往就好。畢竟需要計較的互動關係既不開心又累人，何必呢。

有些朋友會說我的想法和心態為什麼可以這麼單純？為什麼沒有隨著生命經驗增加而變得複雜？我覺得這是一種選擇，要用複雜的態度還是簡單的態度面對人生，是自己的選擇。或許因為選擇簡單的態度，讓我對生命可以保持接納、好奇，甚是有點天真。我希望在生活的歷練中可以常保赤子之心，常常抱著玩耍般輕鬆愉快的心情，相信有什麼困難都能迎刃而解。

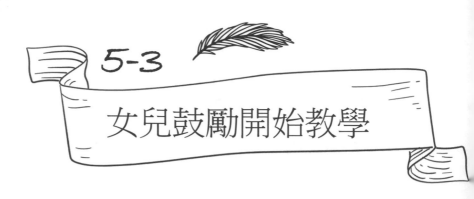

5-3 女兒鼓勵開始教學

　　決定自己創業之前，原是在旅行社上班、負責旅行社的行政工作。因為長期久坐及姿勢不良導致脊椎開刀，為了保養身體，就在某機緣之下開始學習瑜珈。我很喜歡瑜珈，不僅是上課的時候練習，回家也會練習，女兒小時會帶著一塊兒練習，用輕鬆活潑的方式玩在一起，成了我們母女很享受的親子時光。後來女兒就跟我說：「媽媽～妳要教瑜珈啊，因為教瑜伽，可以幫助很多人。而且媽媽也會很快樂。」小孩就是這麼單純呀！把很多事看得很簡單。也因為這天真爛漫的建議，真的開啟了我的瑜珈教學之路。

雖然也曾經煩惱「我會的足夠教學嗎」之類的問題，但凡事不開始也不會知道，所以我沒有讓這樣的想法卡住；反正有些事要邊做才會邊遇到，遇到就修正和調整就好。而且會遇到的情況，和行動之前的假設可能很不一樣；而且有很多情況是再怎麼預設都想像不到的吧！既然如此，就秉持初衷，帶著善意的動機去行動就對了。

所以我是想法比較簡單的行動派，認為思考得差不多了就實際做做看。既然沒有什麼是靠人力可以真的完全設想周到的事，就不要被自己的假設困住。在創業過程認識了一些朋友，很多都是傻傻地就開始了。而有一些很優秀的朋友卻因為想太多、顧慮太多，想做的事情遲遲無法去做，讓人覺得很可惜。可見「天公疼憨人」或「傻人有傻福」也是有道理的，所謂的憨傻不是真的罵人憨傻，而是一種單純、樸實的態度，認真去做、去嘗試，相信一分耕耘一分收穫。

因為自己是在當了媽媽、類似二度就業的狀態下開始教學的個人創業之路，女人無論一邊帶孩子一邊工作、或是一邊帶孩子一邊創業，在體力和精神上都有相當的負擔，真的非常感謝當時孩子的爸爸願意支持，還有許多貴人朋友的襄助。

而過程中緊接著來臨的協議離婚、負擔父親的醫療，又迫使我必須更加義無反顧的衝刺發展事業、在逐漸穩定的基礎上再次擴展格局、擴大財富能量，可以說是「包裝成挫折的禮物」；這些在當下認為是挫折痛苦的事件，原來也是生命珍貴的禮物，讓人學習更加流動與開展。

5-4

生活是不斷重回平衡

　　每個人生來就有天生的差異，或是後天成長過程中環境條件的塑造，每個人的性格特質不同，通常會有所偏。所以「不平衡」的狀態是一種常態，學習平衡的過程就像騎腳踏車，掌握騎車的平衡是很微妙的，要隨時在不平衡中保持平衡。

　　我自己當然也有不平衡的地方，但是當事人通常不容易自己覺察。會覺察，往往是因為失衡久了以後終於發生某些事件，才會在摔跤的時候停下來，檢查到底是哪裡出了問題？為什麼會發生故障或摔車呢？這個迫使我們覺

察和調整的「契機」，可能發生在健康出問題、人際關係出問題、財務狀況出問題……，透過一些外在事件來反映我們的「失衡」。到目前為止，讓我省思自己失衡的契機，也是由於重大外在事件，而且生命中的事件總是環環相扣。有些事情我逐漸領悟，也有些事情我還沒有完全參透。

在決定要全力以赴發展自己的事業之後，我就瞻前不顧後的拼命往前衝，讓伴侶相當膽戰心驚。因為我把所有的時間和金錢都用在進修課程，在沒有持續穩定收入的狀態，卻有源源不斷的開銷要支付。會決定同意離婚，一方面是因為他為我承擔太多，另一方面是因為彼此所要的方向是不同的。

回想那段透支所有時間金錢、只想拼命學習、拼命往前衝的自己，好像在生命彎道上拼命加速前進，其實險象環生。最感恩的除了當時受到莫大支持與體諒，也還好沒

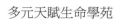

有掉下萬丈懸崖粉身碎骨，而是被生命中許多貴人拉了一把，協助我度過難關。

緊接著因為父親生病住院，需要醫療費用，我專注衝刺事業增加收入以支付照顧父親的醫療費用，一方面持續支付之前為進修和創業添購器材而累積的借貸。雖然有壓力，但幸好之前的努力也有一定的成績，讓我漸漸有撥雲見日的感受，覺得努力沒有白費。

從離職到創業、經歷離婚過程、承擔起過度透支的財務壓力……，關於生命與生活的平衡，我要學習的還很多。當然我也無法去成為別人、複製別人，因為我個人的特質也唯有在自己的選擇中嘗試和體驗之後，才能修正為適合我的平衡方式。畢竟每個人都是獨一無二的。

5-5 推廣子宮療癒瑜珈

在我開始瑜珈教學的時候，坊間已經有很多瑜珈課程。學習瑜珈的風氣日益普及，大型健身中心也開設許多瑜珈課程提供健身會員多元選擇，相形之下，初出茅廬的新手老師或個人成立的瑜珈教室，在「如何提升知名度」和「如何招生」兩方面都是極大的挑戰。

開始教學之初，就知道自己必須另闢蹊徑、走出自己的路來。如果缺乏方向、缺乏獨特性，在茫茫人海中缺乏辨識度，就很難經營出自己的一方天地。而且我不喜歡惡性競爭的環境。任何市場一旦出現太多類似的商品，可能就會流於削價競爭；削價競爭會弱化品質，也不利長久經

營。所以要避免落入競爭的思維。

我想到的是創造自己的獨特性，增加自己的辨識度，讓自己的教學風格獨一無二。當我發現來上瑜珈課的學員很高比例都是女性，而女性的身體保養照顧和男性有完全不同的訴求，我就針對女性的需求加強課程內容，推出「子宮療癒瑜珈」。

說來有趣的是，瑜珈發源地—印度—大部分知名的瑜珈師都是男性；但是傳播到歐美之後，學習瑜珈的學員卻是以女性為主。在台灣有很長一段時期甚至認為瑜珈是女性專屬的運動！大概是因為瑜珈給人柔軟、緩和、缺乏競爭的印象；而男性的運動通常會選擇競技型的團體運動吧！

其實瑜珈在身心方面對男性女性的健康都大有好處，當然也有特別適合調整男性健康保養需求或女性健康保

養需求的體位法，可以針對特殊需求、量身設計個人日常練習的組合。

　　既然來到我課堂的學員是以女性為主，我就針對大家在身體保養方面的需求設計課程，規劃了「子宮療癒瑜珈」。

　　為什麼不是「女性療癒瑜珈」，而是「子宮療癒瑜珈」呢？我認為與其用性別區分，不如明確點出「子宮」更能產生連結感。「子宮」除了是女性先天專屬的器官、具有神聖性，也是母親和子女、子女和母親密切連結的具體象徵。身為女性，我們不只透過子宮和自己的母親有所連結，也透過子宮連結到下一代。而無論男性或女性，都是在女性的子宮裡孕育成長才獲得人身、有機會誕生到人世間。透過這個神聖的連結，當我們進行「子宮療癒瑜珈」，是在療癒我們與母親的關係、我們與自己的關係、我們與子

女的關係，從個人身心到整個家庭、甚至家族整體的關係。子宮是感受力、創造力、生產力的所在，無論孕育的是子女還是事業、藝術創作。

「子宮猶如女性的第二心臟」，喚醒子宮覺知，平衡能量流，女性就能從身體找回與自己的親密關係。當女性懂得珍惜、呵護身體，與心靈建立更深的連結，就能由內而外，綻放出女性自然的活力光采。

子宮療癒瑜珈結合了特殊的穴位及按壓手法，透過放在腹部上的手，直接的與子宮連結及被動式瑜伽、煉金水晶缽聲音沐浴、子宮位置測試、子宮位置調整、身體訊息解讀、精油能量調整。

子宮療癒瑜珈對於產後健康、經期與生育問題、情緒與能量疏通、釋放，很有幫助，但更重要的是可以協助女性整體健康的整合。建議大家親自來體驗看看。

5-6

心靈的傷身體記得

和大家分享這篇子宮療癒個案的回饋文，讓大家對「子宮療癒」更有概念。

「今天才知道子宮是女人的第二顆心臟，親手摸到跳動的子宮真的很不可思議，雖然是朝夕相處的好夥伴，但還是第一次感受到子宮本身充滿生命力的活蹦亂跳。

找子宮位置的活動，是綵樺把「子宮瑜珈」原本課程，拆出其中三十分鐘，主要過程大致如下：

一、躺著聽水晶缽放鬆。

二、徒手找子宮位置。

三、綵樺會感應子宮要傳遞的訊息，幫子宮吐露心聲。

在按壓子宮時綵樺問我：「你覺得你愛自己嗎？」我遲疑了，然後子宮就立刻潛到身體裡，要壓得更深才能感受到她的跳動。下一個問題忘記是什麼，我很坦然的接受，於是子宮又回到淺層的地方跳得旺盛，原來嘴嫌體正直是這個感覺，身體真的是很誠實！身體真的是很誠實！身體真的是很誠實！重要的話說三次！非常非常奇妙的體驗！

為什麼標題會下「心靈的傷，身體會記住」，是因為我們在生活中遇到情感災難時，大腦(小我)為了要保護自己，會選擇欺騙自己的適應行為，但傷痛不會憑空消失，最後我們的身體器官承受了這些心靈上的創傷，以至於往後人生遭遇類似事情時，會有防衛的生理機制。

在完整的子宮瑜珈課程裡，綵樺會先發掘一些身體過往承受的情緒或壓力，接著進行一些療癒工作，搭配瑜珈、精油、經絡按摩等等，讓身體不再壓抑，在安全被保護的情況下，器官釋放舊的、不安的壓力出來，重新歸零。

哪些人適合做子宮瑜珈呢？

(1)經期困擾

(2)生孕困擾

(3)夫妻床事困擾

(4)身體某個部位長期不適但中西醫又檢查不出來的困擾

......總之是非常非常神奇的體驗！」

歡迎各位讀者親身來體驗與身體對話的療癒過程。

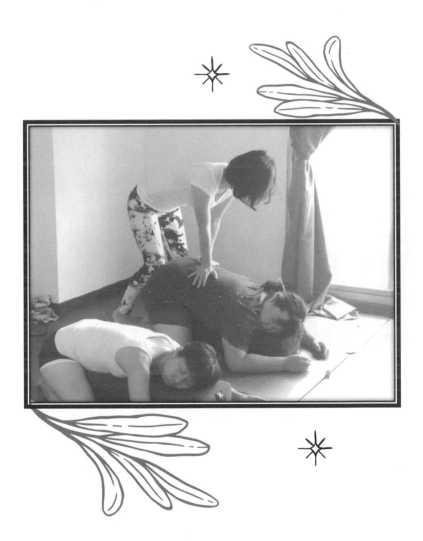

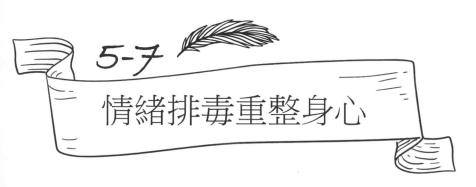

5-7 情緒排毒重整身心

　　按摩是連結身體、聽見身體的聲音，同時也是靜（淨）心方式之一，透過與身體的連結，聆聽身體的故事。許多人認為排毒只需要注意飲食即可，其實定期進行按摩也可以幫助身心排毒。

按摩一般為人熟知的好處有：

1. 改善情緒和消除焦慮

　　（按摩可以幫助改善情緒，減少焦慮和抑鬱。）

2. 增強人體的過濾系統

　　（按摩因其刺激人體自然清潔過程。）

3. 可以增加能量

（任何一種按摩都有助於刺激身體的循環，確保血液在身體周圍充滿活力。）

以下是情緒排毒個案的心得分享：

「我左右手摸著肚子，綵樺教我怎麼跟它對話，然後就聽見了。哭的很激動，手一直擦眼淚，一直用右手遮住臉，好像哭的時候就是要遮住臉。親愛的，今天聽到你說話了。很感動。嗯哼嗯哼，原來你一直守護著我，陪伴著我、引領著我。你跟我說：「我一直陪在你身邊。」這句話讓我好感動、好感動！我以為我很孤獨，我以為我很需要賴學儒的愛和陪伴。我感到身體都是熱能，想要衝啊跑啊，手腳想要動。我害怕我的動能會消失，會再度跌落。

你說不會的，不會再跌落了。這是我最害怕的事，但

是你跟我說不會。想到我會一直有動能，不會再失落，就比較安心。你跟我說：「不要再否定你對世界的愛了。」這句話讓我大哭，我一直在否定我對世界的愛。其實我好愛好愛世界上的每一個人。世界上的人也都愛我。曾經去伊朗旅行遇見的當地朋友們也在等著我回去看他們。

你跟我說，畫畫就是我的天賦。對於畫畫，我也一直沒肯定自己，覺得跟專業的比起來，我差太遠。但其實畫畫對我來說就是行雲流水，一直有靈感，不用思考，就是我的 gift。

感情，你跟我說會一直遇到對的人的。

我問你，還有什麼話要跟我說，我想要聽到你的話，好需要你的鼓勵。

我聽到你說：「我們會一起遇見更多美好的人。」這

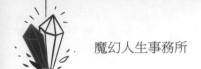

句話也讓我一直哭，很打中我的心。我不知道這是我自己想像出來的還是你跟我說的，但確實也是我喜歡的事情。

因為我這輩子真的遇見很多很棒的人。我會一直遇見的，這輩子還有好多好多人要遇見。在不同的空間與時間。

後來去買衣服，當我猶豫要選哪一件的時候，試著用手壓肚子，看她有沒有想法。在試衣間的時候有一件她覺得安心。

第一次這樣子的體驗，真的跟身體對話。感覺不是自己，但又是自己的身體。

許久，結束與自己的對話後，綵樺請我抽一張卡，上面剛好寫著：「生命的目的是什麼？」並寫道：當你認真的生活，就不會問這個問題了。

是啊，如果生活中有值得熱愛的事情，就會很開心吧。我們愛大自然、愛動植物，我們擁有好多愛。」

過去沒有被聆聽的身體和情緒，在過程中被聆聽、看見並且釋放，通常結束後當事人身心都會有煥然一新的感受，有些過去感到莫名的障礙就可以輕輕放下或輕鬆穿越了。

我很榮幸能夠陪伴他們經歷這個釋放並且穿越的過程。

5-8

進修寶石水晶缽療

　　在許多身心療癒的輔助工具當中，每個人會受到不同的吸引；就像世界上有無數的行業，每個人會有不同的傾向和選擇，一方面由於天賦，一方面由於因緣。我的專業項目當中比較特別的一項是「煉金術寶石水晶缽」，不但名稱聽起來很炫，從製作技術到實際使用功能也很炫—是既美麗又不可思議的絢麗！看過煉金術寶石水晶缽的朋友都會受到吸引，因為美麗的寶石缽流動著晶瑩剔透的色彩、觸感輕盈、明亮的天籟之音，都會讓人感到「此曲只應天上有，人間難得幾回聞」；非常適合在神聖莊嚴的場合演奏。煉金寶石水晶缽的製造是把寶石粉末和水晶矽砂一起高溫煉製，晶瑩剔透且一體成形，從特殊的寶石水晶

分子結構到寶石水晶的音色，都是調整身心能量平衡的最佳工具。

會得知煉金寶石水晶缽來自於 Winnie 的推薦，也因為這樣有機會可以向全球知名的音療大師 Yantara Jiro 學習。氣質猶如天人下凡的 Yantara Jiro 老師是全球知名音療師，從小就展現不凡的天賦，大學時期已經廣受邀約在全球各地指導專業的聲音療癒，是位傳奇人物。在老師身上不僅可以看到他的專業和投入，更能感受到他對世界充滿愛，兼具智慧與慈悲的風範。

　　感謝 JIRO 老師的指導、感謝 Winine 所推薦殊勝的學
習機會，讓自己學以致用、讓煉金寶石水晶缽造福更多需
要的人！我相信「有願就有力」，因為自己身上就見證了
很多這樣的恩典或奇蹟。當發願要用煉金寶石水晶缽服務
更多人、讓更多有需要的人可以從這美麗的工具獲得幫助
之後，宇宙確實為我們搭起橋樑－有需要的朋友會主動來
找我提供服務。有些朋友接觸「煉金寶石水晶缽」之後深

受吸引，會想找到和自己有緣的缽，我也會盡力提供協助。當珍貴美麗的缽遠渡重洋來到有緣人手中，被珍惜使用、為個人和家庭注入美麗的療癒之音，真是令人感到非常幸福滿足。有一位朋友自從接受煉金寶石水晶缽音療的洗禮，始終念念不忘她喜歡上的某個寶石缽，卻又擔心先生會反對；沒想到當她終於鼓起勇氣邀請先生一起來聽缽，先生聽完當場對缽音的療癒產生共鳴，同意她請購中意的缽，讓她又驚訝又歡喜。

除了提供個案和教學，也會受邀在節慶儀式中演奏煉金寶石水晶缽；現場來賓都非常感動，因為在美妙的樂聲中，大家都能感受到神聖美好、彷彿來自天堂的祝福。

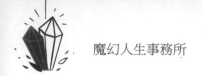

5-10 拓展社群經營品牌

　　結束埃及朝聖之旅後，開始迎接事業嶄新的發展。這一部分要歸功於網路上興起的「社群媒體」風潮。但我並非直接經營任何的社群，而是加入了剛起步的一個社交 APP：eatgether.

　　eatgether 是一位台灣網路工程師研發的 APP，讓宅男宅女可以相約吃飯、聯誼，揪團約唱歌、看電影、運動……，擴大交友圈和擴大休閒項目，立意相當良好，也設計了 APP 使用規範，使用者可以成立飯局、唱歌局、運動局……，邀約其他使用者來參加活動，也可以加入別人發起的各種活動。

我發起的活動，就是以分享瑜珈為主。因為有互評制度，也為了禮尚往來，當然也積極參加其他朋友舉辦的活動，只要有興趣又剛好有時間的活動都會盡量參加。因為積極分享和參與，當然就認識了更多志同道合的朋友、或是剛好彼此資源可以互相合作的朋友等等。

比起汲汲營營的強求，我覺得人與人的緣分都是很神奇的，誠心誠意去交流，資源就會來。所以在積極參與活動去認識更多人、和積極分享瑜珈讓更多人認識自己的同時，我覺得「簡單誠懇」、「好好做自己」就可以了。

互動中認識的朋友，如果剛好對瑜珈有興趣、或有健康養生的需求，可能就來試上我的課程、了解我的服務，有緣自然相聚。覺得我的課程和服務不錯的，也會介紹給其他朋友。或是來上課後喜歡我布置的場地，想租借場地舉辦自己的活動或課程的朋友，如果彼此觀念契合，我也

相當歡迎。

　　也有朋友邀請我到他們的場地開課或提供個案服務，我就帶著瑜珈墊和美麗的煉金寶石缽，展開一段旅遊加上開課或提供個案服務的旅程。每一次合作邀約都帶來不同的經驗與開展，每次認識新朋友都帶來新的觀點與視野；我很享受這樣共同合作、互相學習、彼此共好的過程。不知不覺中，我的「知名度」和「收入」也逐漸提升了。

　　大部分在台中地區使用 eatgetgher APP 的朋友都知道有一位名叫 SKY 的瑜珈老師，要學瑜珈可以找 SKY、而且 SKY 的瑜珈很好玩會用活潑的方式上課、SKY 的「枕頭山」瑜珈可以放鬆休息不用擔心折來折去......。我用貼近學員需求的、生活化且生動活潑的方式分享瑜珈，顛覆一般人對瑜珈的嚴肅、刻板印象，也塑造出個人品牌的風格特色。

5-10 醃漬幸福轉化人生

　　2019 年我加入 eatgetgher 認識一群登山好友、醃漬事務所開張、與父母的關係漸漸圓融、行修光的課程、氣內臟培訓、子宮正位培訓、接外國人的個案、接了 SPA 館瑜伽案子、瑜伽到府教學、上海瑜伽課程、在 1717 技能交換平台認識一群樂在身心靈玩樂的朋友、男友樂樂的出現等。

　　樂樂從事行銷顧問工作，有個人品牌諮詢和企業行銷品牌諮詢。樂樂是我眼中的行銷鬼才，因為他的出現，激發我個人品牌的規畫和實踐更上一層樓。他是一個點子很多的人，除了會用生活化的舉例讓我思考，有時候也用詼

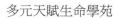

諧的方式來啟發我。他曾跟我分享:「好的能量,洗手進來。不適當的能量,就洗乾淨,避免未來發生。」這就是鬼才異於常人的地方,說的話會讓人印象深刻。

「醃漬事務所」的品牌概念就是受到樂樂的啟發,讓我思考、確認自己的品牌方向。「醃漬出美味人生」就是我的品牌精神。「醃漬」為古代常見的食物烹調和保存方法,費時費工。身體就像食物般,需被用心照顧及呵護。

「醃漬」會去除食物中的苦味澀味,轉化成鮮美的特殊風味。修復生活、醃漬專屬個人的生命味道。醃漬出美味人生,透過與身體的連結,聆聽身體脈動、傾聽身體故事、撫慰身體傷痛,提昇子宮及五臟六腑風味,轉換情緒能量,為生命添加調味,展現生活價值,讓生命的原味重現且變化無窮。

「醃漬事務所」目前精選「醃漬」料理如下：

一、枕頭山瑜珈系列
　　Crystal Yoga　缽音療癒舒眠瑜伽
　　芳療按摩瑜伽
　　基礎瑜伽
　　伸展瑜伽
　　枕頭山修復瑜伽

二、子宮美人系列
　　子宮療癒瑜伽
　　月經瑜伽
　　女性修復瑜伽
　　孕婦瑜伽

三、情緒舒壓釋放系列
　　古法道家情緒排毒一（氣內臟按摩）
　　精油按摩

四、特調專屬醃漬

　　量身訂做瑜伽課程

　　主題式個人諮詢

　　民宿瑜伽

　　Yoga Travel(瑜伽旅行)

　　前世靈魂溝通

　　家族排列系統

　　精油解析

　　主題個人能量調整

　　潛意識溝通

各式課程合作

　　希望每位有緣的朋友，都能在「醃漬事務所」找到自己最對味的生命風味。

國家圖書館出版品預行編目（CIP）資料

魔幻人生事務所 : 多元天賦生命學苑/阿凡達, 蔡佩樺,
李筠霏, 吳容宜, 許綵樺作. -- 初版. -- 臺北市: 智庫
雲端有限公司, 民110.01
　面 ;　　公分
ISBN 978-986-97620-9-0(平裝)

1.企業家 2.傳記 3.創業

490.99　　　　　　　　　　　　　　　109021340

魔幻人生事務所-多元天賦生命學苑

作　　　者：阿凡達、蔡佩樺、李筠霏、吳容宜、許綵樺
出　　　版：智庫雲端有限公司
發 行 人：范世華
責任編輯：李筠霏
封面美編：劉瓊蔓
地　　　址：104 台北市中山區長安東路 2 段 67 號 3 樓
統一編號：53348851
電　　　話：02-25073316
傳　　　真：02-25073736
E－mail：tttk591@gmail.com

總 經 銷：采舍國際有限公司
地　　　址：235 新北市中和區中山路二段 366 巷 10 號 3 樓
電　　　話：02-82458786（代表號）
傳　　　真：02-82458718
網　　　址：http://www.silkbook.com
版　　　次：2021 年（民 110）1 月初版一刷
定　　　價：340 元
I S B N：978-986-97620-9-0